高等院校公共基础课规划教材

U0289692

Access 数据库技术及应用

主　编：童　启　陈芳勤

参　编（排名不分先后）：

唐柳春　王　平　刘　强　肖　哲

刘　芳　袁　义　古　英　周一玲

电子工业出版社

Publishing House of Electronics Industry

北京·BEIJING

内 容 简 介

　　本书以 Access 2010 为软件支撑环境，以应用为目的，以案例为引导，融入计算思维，既考虑理论基础的系统性，又强调实践技术的应用，由浅入深、循序渐进地介绍关系数据库管理系统的基础理论及系统开发技术。全书分为 8 章，内容上以"学生成绩管理系统"来组织材料。应用系统贯穿全书，围绕它编排了大量翔实的实例，实例新颖、系统，相互呼应。实例涵盖表、查询、窗体、报表、宏、模块六大数据库对象的创建和使用方法。每章附有知识结构图，方便读者归纳、总结。

　　本书力求内容系统、结构严谨、实例丰富、语言通俗易懂，突出"利用数据库技术进行数据综合分析和展示分析结果"能力的培养。本书既可以作为高等院校"数据库技术及应用"课程的教材，也可作为全国计算机等级考试考生的培训辅导书，还可作为读者自学提高的参考书。

图书在版编目（CIP）数据

Access 数据库技术及应用 / 童启，陈芳勤主编. —北京：电子工业出版社，2019.1

ISBN 978-7-121-35336-9

Ⅰ．①A… 　Ⅱ．①童… ②陈… 　Ⅲ．①关系数据库系统—高等学校—教材 　Ⅳ．①TP311.138

中国版本图书馆 CIP 数据核字（2018）第 245498 号

策划编辑：贺志洪

责任编辑：贺志洪

印　　刷：北京虎彩文化传播有限公司

装　　订：北京虎彩文化传播有限公司

出版发行：电子工业出版社

　　　　　北京市海淀区万寿路 173 信箱　邮编 100036

开　　本：787×1092　1/16　印张：16.75　字数：428.8 千字

版　　次：2019 年 1 月第 1 版

印　　次：2020 年 2 月第 2 次印刷

定　　价：39.60 元

凡所购买电子工业出版社图书有缺损问题，请向购买书店调换。若书店售缺，请与本社发行部联系，联系及邮购电话：（010）88254888，88258888。

质量投诉请发邮件至 zlts@phei.com.cn，盗版侵权举报请发邮件至 dbqq@phei.com.cn。

本书咨询联系方式：（010）88254609 或 hzh@phei.com.cn。

前　言

　　数据库理论与技术在 20 世纪 60 年代后期产生并发展起来。在信息化社会，数据库技术是计算机科学中发展最快的领域之一，它不仅成为计算机科学与技术学科的一个重要分支，而且在计算机应用中所占比例最大，与我们的现实生活息息相关。与时俱进，我们掌握基本的数据搜集、整理、分析和处理等数据处理技术是时代需求。

　　目前流行的关系数据库管理系统很多，选用 Access 数据库管理系统作为验证数据库原理与技术的实验平台，是因为它提供了友好的可视化的界面操作工具和向导、可靠的数据管理方式、面向对象的操作理念，使得用户可以不写一句代码、不会一个控件就能实现简单、通用的应用，适合初学者学习。同时 Access 是 Microsoft Office 系列软件的一个重要组成部分，它嵌入了 VBA 程序设计语言，受到众多小型数据库应用系统开发者的青睐。

　　本书参照了教育部高等学校计算机基础教学指导委员会提出的有关"数据库技术及应用"课程的教学要求及教育部考试中心公布的二级考试大纲（Access）的要求进行编写。以培养学生利用数据库技术对数据进行管理、加工和利用的意识与能力为目标，以数据库原理和技术为知识的讲授核心，以案例为引导，构建教材体系。全书分为 8 章，"学生成绩管理系统"贯穿始终，系统贴近学生实际，通俗易懂。围绕它编排大量翔实的实例，实例新颖、系统，具有适用性，涵盖了数据库的建立、使用，数据模型和 E-R 模型的设计，结构化查询语言（SQL）的使用，数据库对象的创建和使用，Active X 控件的应用，VBA 程序等。本书突出的特点如下：

　　第一，突出利用数据库技术进行数据综合分析和展示分析结果能力的内容。

　　第二，理论部分与数据库应用技术部分相辅相成，既照顾理论基础的系统性，又强调实践技术的应用。

　　第三，把微课视频、教学课件、数据库案例、练习、课外扩展材料生成二维码，发布在教材上，读者通过扫描二维码可以随时随地地进行学习。

　　第四，教材配有相应的实验指导书，根据主教材的"学生成绩管理系统"安排了丰富、详细的上机练习题，引导读者进行系统性的训练，方便读者学习和教师教学。

　　本教材的编写者都是长期从事数据库技术课程教学的教师，在编写过程中注意紧扣教学要求，注重实用，反映了高等院校"数据库技术及应用"课程教学改革的最新成果，并建立了与教材相适应的在线开放课程（http：//mooc1.hut.edu.cn/course/200964937.html），有丰富的网络资源，读者及教师可以通过电子邮箱 tongqi006@qq.com 联系。

　　由于编者水平有限，难免有疏漏和不足之处，欢迎广大读者批评指正。

编　者

2018 年 10 月

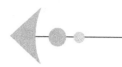

目 录

第 1 章　数据库基础知识

第 1 章　章节导
读（视频）

 学习目标

1. 掌握数据库系统的组成。
2. 了解数据库的体系结构。
3. 理解关系数据模型及关系运算。
4. 熟悉 Access 的工作环境。

  数据库理论与技术在 20 世纪 60 年代后期产生并发展起来。数据库技术主要用来解决数据处理的非数值计算问题，数据处理的主要内容有数据的存储、查询、修改、排序和统计等。随着人们进入信息时代，数据库技术作为信息系统的基础和核心技术更加引人注目，它不仅成为计算机软件学科的一个重要分支，而且与我们的现实生活息息相关。本章主要介绍数据库系统的组成和体系结构，关系模型、关系数据库基本理论和 Access 系统初步知识。

1.1　数据库系统概述

1.1.1　数据处理

  数据（Data）是对客观事物的某些特征及相互联系的一种抽象化、符号化表示，如图形符号、数字和字母等。在计算机科学中，数据是指所有能输入计算机并被计算机程序处理的符号介质的总称；是用于输入电子计算机进行处理，具有一定意义的数字、字母、符号和模拟量等的统称。数据不仅包括数字、字母、文字和其他特殊字符组成的文本形式的数据，而且还包括图形、图像、动画、影像和声音等多媒体数据。但目前使用最多、最基本的仍然是文字数据。

  现实世界中的数据往往是原始的、非规范的，但它是数据的原始集合，通过这些原始数据的处理，才能产生新数据（信息）。这一处理包括对数据的收集、记录、分类、排序、存储、计算/加工、传输、制表和递交等操作，这就是数据处理的概念。从数据处理的角度而言，信息是一种被加工成特定形式的数据，这种数据形式对于数据接收者来说是有意义的。因此，人们有时说的"信息处理"，其真正含义应该是为了产生信息而处理数据。

1.1.2 数据管理的发展

数据管理的发展（视频）

数据管理经历了从低级到高级的发展过程，这一过程大致可分为三个阶段：手工管理阶段、文件系统阶段、数据库系统阶段。

1. 手工管理阶段

在 20 世纪 50 年代中期以前，计算机主要用于科学计算，计算机上没有操作系统，没有管理数据的专门软件，也没有像磁盘这样的设备来存储数据。这个时期数据管理的特点是：

（1）数据不保存在计算机内。

（2）数据和程序一一对应，即一组数据对应一个程序。不同应用程序的数据之间是相互独立且彼此无关的。

（3）没有软件系统对数据进行管理，程序员不仅要规定数据的逻辑结构，而且还要在程序中设计物理结构，包括存储结构、存取方法及输入/输出方式等。也就是说数据对程序不具有独立性，数据是程序的组成部分，一旦数据在存储上有所改变，必须修改程序。

（4）由于程序直接面向存储结构，因此数据的逻辑结构与物理结构相同。

在手工管理阶段应用程序与数据集合之间的关系如图 1-1 所示。

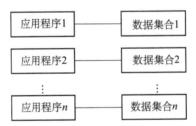

图 1-1 在手工管理阶段应用程序与数据之间的关系

2. 文件系统阶段

数据管理从 20 世纪 50 年代后期进入文件系统阶段。操作系统中已经有了专门的管理数据的软件，一般称为文件系统。所谓文件系统是一种专门管理数据的计算机软件。在文件系统中，按一定的规则将数据组织成为一个文件，应用程序通过文件系统，对文件中的数据进行存取和加工。

文件系统阶段数据管理的特点是：

（1）文件的逻辑结构与物理结构有一定的区别，用文件系统的存取方法来实现两者间的转换，使程序与数据有了一定的独立性。

（2）数据不再属于某个特定的程序，可以重复使用，可以以文件为单位共享。

（3）对数据的访问以记录为单位，数据是面向应用的。

在文件系统阶段应用程序与数据之间的关系如图 1-2 所示。

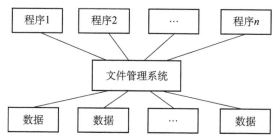

图 1-2　在文件系统阶段应用程序与数据的关系

但是，随着数据管理规模的扩大，数据量急剧增加，文件系统显露出 3 个缺陷：

（1）数据冗余。由于文件之间缺乏联系，造成每个应用程序都有对应的文件，同样的数据可能在多个文件中重复存储。

（2）数据不一致。这往往是由数据冗余造成的，在进行更新操作时，稍不谨慎，就可能使同样的数据在不同的文件中不一样。

（3）数据联系弱。这是由于文件之间相对独立、缺乏联系造成的。

3. 数据库系统阶段

从 20 世纪 60 年代后期开始，需要计算机管理的数据量急剧增长，并且对数据共享的需求日益增强。文件系统的数据管理方法已无法适应应用系统的开发需要。为了实现计算机对数据的统一管理，达到数据共享的目的，发展了数据库技术。

数据库技术的主要目的是有效地管理和存取大量的数据资源，包括：提高数据的共享性，使多个用户能够同时访问数据库中的数据；减少数据的冗余度，提高数据的一致性和完整性；提供数据与应用程序的相对独立性，从而减少应用程序的开发和维护代价。

为数据库建立、使用和维护而配置的软件称为数据库管理系统 DBMS（Data Base Management System）。数据库管理系统利用操作系统提供的输入/输出控制和文件访问功能，因此它需要在操作系统的支持下运行。Access 就是一种在微机上运行的数据库管理系统软件。数据库系统中数据与应用程序的关系如图 1-3 所示。

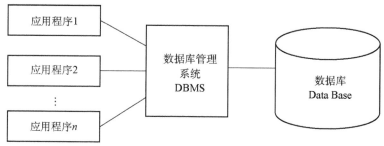

图 1-3　数据库系统中数据与应用程序的关系

数据库系统的组成（视频）

1.1.3　数据库系统的组成

数据库系统（Data Base，DBS）是指引进数据库技术后的计算机系统，实现有组织地、动态地存储大量相关数据，提供数据处理和信息资源共享的便利手段。一般来说，数据库系统由三部分组成：硬件、软件、人员。硬件平台一般包括计算机中央处理器，足够大的内存用于存放操作系统、DBMS 核心模块、数据缓冲区与应用程序，足够大容量的磁盘等联机直接存取设备用于存放数据库和数据库备份，较高的通道能力以支持对外存的频繁访问。软件包括操作系统、数据库管理系统、数据库应用系统、主语言和应用开发支撑软件等程序。人员包括最终用户、程序开发员、数据库管理员。数据库系统的组成结构图和数据库系统层次示意图分别如图1-4、图1-5所示。

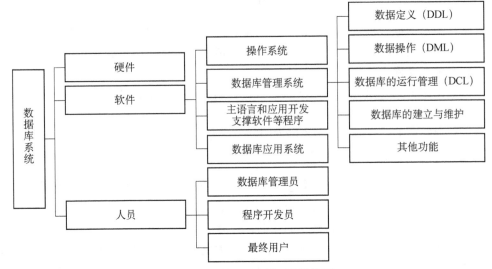

图 1-4　数据库系统的组成结构图

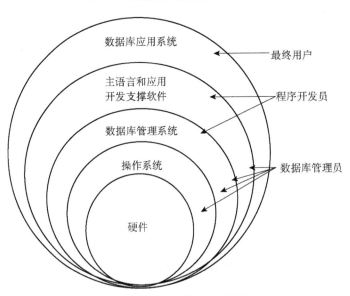

图 1-5　数据库系统层次示意图

1. 数据库（Data Base，DB）

数据库是指存储在计算机外存设备或网络存储设备上的、结构化的相关数据集合。它不仅包括描述事物的数据本身，而且还包括相关事务之间的联系。

数据库中的数据面向多种应用，可以被多个用户、多个应用程序共享。例如，某企业、组织或行业所涉及的全部数据的汇集。数据库中的数据是结构化的，数据间是有关联的。另外，数据库的数据结构独立于使用数据的程序，对于数据的增加、删除、修改和检索由系统软件统一控制。

2. 数据库管理系统（Data Base Management System，DBMS）

为了让多种应用程序并发地使用数据库中具有最小冗余度的共享数据，必须使数据与程序具有较高的独立性。这就需要一个软件系统对数据实行专门管理，即数据库管理系统。数据库管理系统是管理数据库的工具，也是应用程序与数据库之间的接口，是为数据库的建立、使用和维护而配置的软件。

数据库管理系统是数据库系统的核心，建立在操作系统的基础上，以实现对数据库的统一管理和控制。它需要解决两个问题：科学地组织和存储数据，高效地获取和维护数据。

其主要功能包括以下几个方面。

● 数据定义功能：DBMS 提供数据定义语言（Data Definition Language，DDL），用户通过它可以方便地对数据库中的数据对象进行定义。

● 数据操作功能：DBMS 提供数据操作语言（Data Manipulation Language，DML），用户可以使用 DML 操作数据实现对数据库的基本操作，如查询、插入、删除和修改等。

● 数据库的运行管理功能：DBMS 提供数据控制语言（Data Control Language，DCL）用户通过它可以进行并发控制、存取控制（安全性检查）、完整性约束条件的检查与执行等。所有数据库的操作都要在这些控制程序的统一管理下进行，以保证事务的正确运行和数据库数据的正确有效。

● 数据库的建立和维护功能：包括数据库初始数据的输入、转换功能，数据库的转储、恢复功能，数据库的重组织功能和性能监视、分析功能等。

● 其他功能：DBMS 与网络中其他软件系统的通信功能；一个 DBMS 与另一个 DBMS 或文件系统的数据转换功能；异构数据库之间的互访和互相操作的功能。

3. 数据库应用系统

数据库应用系统是指系统开发人员利用数据库管理系统开发的面向某一类实际应用的软件系统，是以数据库为基础和核心的计算机应用系统。例如，教材中的实例学生成绩管理系统，与学校学习生活相关的图书管理系统、网上作业与考试系统，与个人信息相关的银行数据管理系统、公安户籍人口管理系统、工商税务业务管理系统，与平时生活娱乐相关的超市结算系统、民航火车订票系统、Web 网站等。

4. 人员

数据库管理员（Data Base Administrator，DBA）：数据库管理员是负责建立、维护和管理数据库系统的操作人员，他们应具有丰富的计算机应用经验，对业务数据的性质、结构及流程有较全面的了解。DBA 的职责包括定义并存储数据库的内容、监督和控制数据库的使用、负责数据库的日常维护以及必要时重新组织和改进数据库。

程序开发员：他们负责设计应用系统的程序模块，对数据库进行操作，有较多的计算机专业知识，可对所授权使用的数据库（或视图）进行增、删、改、查操作，因此他们需要了解数据库的外模式。

最终用户：主要对数据库进行联机查询或通过数据库应用系统提供的界面来使用数据库，如操作员、企业管理人员、工程技术人员，他们不必了解数据库系统的结构和模式。

1.1.4 数据库系统的特点

数据库系统有如下主要特点。

1. 数据共享

在数据库系统中，对数据的定义和描述已经从应用程序中分离出来，通过数据库管理系统来统一管理。数据库中的数据不仅可为同一企业或结构内的各个部门所共享，也可为不同单位、地域甚至不同国家的用户所共享。

2. 数据结构化

数据库中的数据是有结构的，这种结构由数据库管理系统所支持的数据模型表现出来，任何数据库管理系统都支持一种抽象的数据模型。数据库中的数据文件是有联系的，在整体上服从一定的结构形式。关于数据模型将在 1.2 小节中具体介绍。

3. 较高的数据独立性

数据独立性是指数据独立于应用程序而存在。在文件系统中，数据结构和应用程序相互依赖、相互影响。数据库系统则力求减少这种依赖，实现数据的独立性。在数据库系统中，数据库管理系统提供映像功能，实现了应用程序在数据的总体逻辑结构、物理存储结构之间具有较高的独立性。用户只以简单的逻辑结构来操作数据，无须考虑数据在存储器上的物理位置与结构。

4. 冗余度可控

文件系统中数据专用，每个用户拥有和使用自己的数据，造成许多数据重复，这就是数据冗余。在数据库系统实现共享后，不必要的重复数据将被删除，但为了提高查询效率，有时也保留少量重复数据，其冗余度可由设计人员控制。

5. 数据统一控制

为保证多个用户能同时正确地使用同一个数据库，数据库系统提供以下三方面的数据控制功能。

● 安全性控制：数据库设置一套安全保护措施，保证只有合法用户才能进行指定权限的操作，防止非法使用所造成的数据泄密和破坏。

● 完整性控制：数据库系统提供必要措施来保证数据的正确性、有效性和相容性，当计算机系统出现故障时，提供可将数据恢复到正确状态的相应机制。

● 并发控制：当多用户并发进程同时存取、修改数据库时，可能会发生相互干扰，使数据库的完整性遭到破坏。因此，数据库系统提供了对并发操作的控制功能，对多用户的并发操作予以控制和协调，保证多个用户的操作不会相互干扰。

1.2　数 据 模 型

1.2.1　数据抽象的过程

数据模型是对现实世界数据特征的抽象。计算机不可能直接处理现实世界中的具体事物，人们必须事先把具体事物转换成计算机能够处理的数据。

一个具体的数据模型应当正确地反映出数据之间存在的整体逻辑关系。数据模型应满足三方面的要求：能比较真实地模拟现实世界；容易为人所理解；便于在计算机上实现。

设计数据库的主要工作是构造数据模型。根据设计数据库的不同阶段及模型应用的不同目的，可以将这些模型划分为以下 4 种。

- 概念数据模型（实体联系模型）：表达用户需求观点的数据全局逻辑结构的模型。
- 逻辑数据模型（结构数据模型）：表达计算机实现观点的数据库全局逻辑结构的模型。
- 外部数据模型（概念模型的支持）：表达用户使用观点的数据库局部逻辑结构的模型。
- 内部数据模型（物理模型）：表达数据库物理结构的模型，称为"内部模型"。

上面的数据模型一般可以省略"数据"两字。数据库设计过程中 4 种模型的关系如图 1-6 所示。

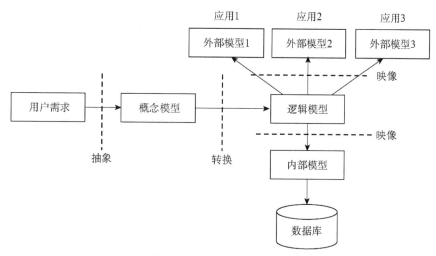

图 1-6　数据库设计过程中 4 种模型的关系

根据图 1-6 所示，数据库设计即数据抽象的具体过程如下：

第 1 步，根据用户需求，设计数据库的概念模型，这是一个"抽象"的过程。

第 2 步，根据转换规则，把概念模型转换成数据库的逻辑模型，这是一个"转换"的过程。

第 3 步，根据用户的业务特点，设计不同的外部模型，供程序员使用。

第 4 步，数据库实现时，要根据逻辑模型设计其内部模型。

1.2.2 概念模型

概念模型是按照用户观点，面向现实世界，第一层数据的抽象，它强调语义的表达能力，要求简单、清晰，易被用户所理解。

1. 概念模型中数据的描述

实体是客观存在并且可以相互区别的事物。实体可以是实在的事物，也可以是抽象事件。例如：学生、教师等属于实体，它们是实际事物，而授课、选课等活动也是实体，但它们属于比较抽象的事件。

属性是描述实体的特征。例如，学生实体用学号、姓名、性别、出生日期和政治面貌等若干属性来描述。

属性值的集合表示一个实体，而属性的集合表示一种实体的类型称为实体型。同类型的实体的集合称为实体集。

例如，在学生实体集中，（174151001，郭晓磊，男，团员）表征学生名册中的一个具体的人。

2. 实体间联系及联系的种类

实体之间的对应关系称为联系，它反映现实世界事物之间的相互关联。例如一个学生可以有多个任课老师，一个任课老师可以教多个学生。实体间联系的种类是指一个实体型中可能出现的每一个实体与另一个实体型中多少个具体实体存在联系。两个实体间的联系可以归结为三种类型。

（1）一对一联系

实体集 A 中的每一个实体与实体集 B 中的一个实体对应，反之亦然，记为 $1:1$。例如，学校和校长两个实体，在不包括副校长的情况下，学校和校长之间存在一对一的联系。

（2）一对多联系

实体集 A 中的每一个实体与实体集 B 中的多个实体对应，反之不然，记为 $1:N$。例如，班级和学生两个实体型，一个班级可以有多名学生，而一名学生只属于一个班级。

一对多联系是最普遍的联系，也可以把一对一联系看成一对多联系的一个特殊情况。

（3）多对多联系

实体集 A 中的每一个实体与实体集 B 中的多个实体对应，反之亦然，记为 $M:N$。例如，学生和课程两个实体型，一个学生可以选修多门课程，一个课程由多个学生选修。因此，学生和课程间存在多对多的联系。

3 实体联系的表示方法

E-R 图又被称为实体—联系图，它提供了表示实体、属性和联系的方法，用来描述现实世界的概念模型。

构成 E-R 图的基本要素是实体、属性和联系，其表示方法为：

实体——用矩形表示，矩形框内写明实体名；

属性——用椭圆形表示，椭圆形框内写明属性的名称并用无向边将其与相应的实体连接起来；

联系——用菱形表示，菱形框内写明联系名，并用无向边分别与有关实体连接起来，同时在无向边旁标上联系的类型（1∶1，1∶N 或 $M∶N$）。

用 E-R 图表示教学实体模型，如图 1-7 所示。

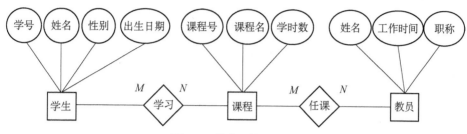

图 1-7　教学实体 E-R 图

1.2.3　逻辑模型

逻辑模型是数据库管理系统用来表示实体及实体间联系的方法，从数据库实现的观点出发，对数据建模。即将已设计好的概念模型（E-R 模型）转换为与 DBMS 支持的数据模型相符的逻辑结构。逻辑模型表达了数据库的整体逻辑结构，是设计人员对整个应用项目数据库的全面描述，是数据库设计人员与程序员之间进行交流的工具。

在数据库发展过程中，按照实体集间的不同联系方式，出现了层次模型、网状模型、关系模型等几种重要的数据模型。关系模型对数据库的理论和实践产生很大的影响，成为当前最流行的数据库模型。为了使读者对数据模型有一个全面的认识，进而更深刻地理解关系模型，这里先对层次模型和网状模型做一个简单的介绍，再详细地介绍关系模型。

1. 层次模型

层次模型用树状结构来表示各类实体及实体间的联系。满足下面两个条件的基本层次联系的集合为层次模型：

（1）有且只有一个节点没有父节点，这个节点称为根节点。

（2）根节点以外的其他节点有且只有一个双亲节点。

在层次模型中，每个节点表示一个实体集，实体集之间的联系用节点之间的连线（有向边）表示，这种联系是父子之间的一对多的联系。同一父节点的子节点称为兄弟节点，没有子节点的节点称为叶节点。若需要子节点有很多父节点或不同父节点的子节点间联系，则无法使用层次模型，必须改用其他模型。

层次模型结构的优点是：结构简单，易于操作；从上而下寻找数据容易；与日常生活的数据类型相似。其缺点是：寻找非直系的节点非常麻烦，必须通过多个父节点由下而上，再向下寻找，搜寻的效率太低。

图 1-8 给出一个层次模型的例子。其中"学院"为根节点；"系"和"课程"为兄弟节点，是"学院"的子节点；"教师"是"系"的子

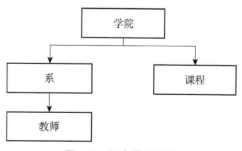

图 1-8　层次模型示例

节点；"教师"和"课程"为叶节点。

2. 网状模型

用有向图结构表示实体及其之间的联系的模型称为网状模型。网状模型是层次模型的扩张，其去掉了层次模型的两个限制：允许节点有多于一个的父节点；可以有一个以上的节点没有父节点。因此，网状模型可以方便地表示各种类型的联系。

图 1-9 给出了一个简单的网状模型。每一个联系都代表实体之间一对多的联系，系统用单向或双向环形链接指针来具体实现这种联系。

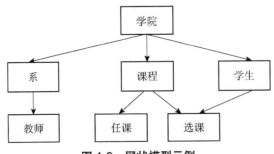

图 1-9　网状模型示例

网状模型的优点是表示多对多的联系具有很大的灵活性，这种灵活性是以数据结构复杂化为代价的。缺点是路径太多，当增加或删除数据时，牵动的相关数据很多，重建和维护数据比较麻烦。

网状模型与层次模型在本质上是一样的。从逻辑上看，它们都用节点表示实体，用有向边表示实体间的联系，实体和联系用不同的方法来表示；从物理上看，每一个节点都是一个存储记录，用链接指针来实现记录之间的联系。这种用指针将所有数据记录都"捆绑"在一起的特点，使得层次模型和网状模型存在难以实现系统修改与扩充等的缺陷。

3. 关系模型

针对层次模型和网状模型的这些缺陷，20 世纪 70 年代初提出了关系模型。关系模型是用二维表结构来表示实体以及实体之间联系的模型。在关系模型中，操作的对象和结果都是二维表，这种二维表就是关系。

关系模型与层次模型、网状模型的本质区别在于数据描述的一致性，模型概念单一。在关系型数据库中，每一个关系都是一个二维表，无论实体本身还是实体间的联系均用被称为"关系"的二维表来表示，使得描述实体的数据本身能够自然地反映它们之间的联系。而传统的层次和网状模型是使用链接指针来存储和体现联系的。支持关系模型的数据库管理系统称为关系数据库管理系统，Access 系统就是一种关系数据库管理系统。

1.2.4　外部模型

将概念模型转换为全局逻辑模型后，还应该根据局部应用需求，结合具体数据库管理系统的特点，设计用户的外部数据模型即用户视图。视图（View）是数据库管理系统提供给用户以多种角度观察数据库中数据的重要机制，在三层数据库体系结构中，视图是外模式，它是从一个或几个表（或视图）中派生出来的，它依赖于表，不能独立存在。

视图是数据库对象，有表的外观，与表一样的使用方法，但不占据物理存储空间，从而减少了数据冗余。使用视图可以方便用户操作，使用户从多个角度看到数据的特性，对机密数据提供安全保护。

外部模型具有以下特点：外部模型是逻辑模型的一个逻辑子集；外部模型独立于硬件，依赖于软件；外部模型反映了用户使用数据库的观点。

从整个系统考察，外部模型具有下列优点：简化了用户的观点；有助于数据库的安全性保护；外部模型是对概念模型的支持。

1.2.5　内部模型

逻辑数据模型最终要转换为能在特定 DBMS 上实现的内部模型，从而形成数据库存储在物理设备上。内部模型又称为物理模型，是数据库底层的抽象，它描述数据在磁盘或磁带上的存储方式（文件的结构）、存取设备（外存的空间分配）和存取方法（主索引和辅助索引）。

通过对上面数据模型的描述得知，人们把客观存在的事物以数据的形式存储到计算机中，经历了对现实生活中事物特性的认识、概念化到计算机数据库里的具体表示的逐级抽象过程，即数据库设计包括需求分析、概念结构设计、逻辑结构设计、物理结构设计几个阶段。数据库设计是数据库应用系统设计的关键。

1.3　关系数据库

关系模型
（视频）

1.3.1　关系模型

1. 关系术语

在用户观点下，关系模型中数据的逻辑结构是一张二维表，它由行和列组成。

以表 1-1 所示 StudentInfo 表为例，介绍关系模型中的一些术语。

表 1-1　StudentInfo 表

学号	姓名	性别	班级编号	出生日期
17415100101	郭晓磊	男	174151001	1999/2/19
17415100102	黄亚琳	女	174151001	1999/6/28
17415100201	黄永红	女	174151002	1999/1/23
……	……	……	……	……

关系（Relation）：一个关系通常对应一张二维表。例如，表 1-1 中这张 StudentInfo 表就是一个关系。

元组（Tuple）：表中的一行即为一个元组。例如，表 1-1 有 3 行，对应 3 个元组。

属性（Attribute）：表中的一列即为一个属性，给每一个属性起一个名称，即属性名。例如，表 1-1 中有 5 列，对应的 5 个属性，分别为学号、姓名、性别、班级编号、出生日期。

主码：属性或属性的组合，其值能够唯一地标识一个元组。例如，表 1-1 中学号可以唯一确定一个学生，也就可以作为本关系的主码。

候选码：如果一个属性或属性集能唯一标识元组，且又不含多余的属性或属性集，那么这个属性或属性集称为关系模式的候选码。

外码：如果表中的一个属性不是本表的主码或候选码，而是另外一个表的主码或候选码，这个属性就称为外码。

域（Domain）：属性的取值范围。例如，性别的域是（男，女）。

分量：元组中一个属性值。例如表 1-1 中第一个元组在学号属性上的取值为17415100101，则 17415100101 就是第一个元组的一个分量。

关系模式：对关系的描述，一般表示为：

关系名（属性 1，属性 2，…，属性 n）

例如，表 1-1 的关系可描述为：学生（学号，姓名，性别，班级编号，出生日期）。在关系模型中，实体以及实体间的联系都是用关系来表示的。

以集合论的观点来定义关系，可以将关系定义为元组的集合。关系模式是命名的属性集合。元组是属性值的集合。一个具体的关系模型是若干个有联系的关系模式的集合。

支持关系模型的数据库即为关系数据库。关系数据库中，表为基本文件，一个表对应一个关系，表中的记录对应元组，表中的字段对应属性，表结构对应关系模式。各种数据模型的数据描述对应关系如图 1-10 所示。

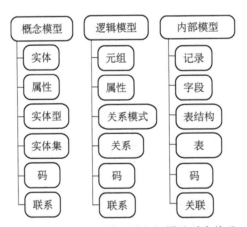

图 1-10　各种数据模型的数据描述对应关系

2. 关系的特点

关系模型看起来简单，但并不能把日常手工管理所用的各种表格，按照一张表一个关系直接存放到数据库系统中。在关系模型中对关系有一定的要求，关系必须具有以下特点：

● 关系必须规范化。规范化是指关系模型中每个关系模式都必须满足一定的要求，最基本的要求是关系必须是一张二维表，每个属性值必须是不可分割的最小数据单元，即表中不能再包含表。

● 在同一关系中不允许出现相同的属性名。

- 关系中不允许有完全相同的元组，即冗余。
- 在同一关系中元组及属性的顺序可以任意。

3. 关系模型的特点

关系模型具有的特点有：表格简单，用户易懂，用户只需用简单的查询语句就可以对数据库进行操作，并不涉及存储结构、访问技术等细节；关系模型是数学化的模型，由于把表格看成一个集合，因此集合论、数理逻辑等知识可引入到关系模型中来。

4. 关系模型实例

关系模型最终要转换为数据库存储在物理设备上。数据库在物理设备上的存储结构和存取方法称为数据库物理结构。数据库物理结构设计是在应用环境中的物理设备上，由全局逻辑模型产生一个能在特定的 DBMS 上实现的关系数据库模式。在关系数据库中，例如 Access 中，一个数据库中包含的相互之间存在联系的多个表，这个数据库文件就代表一个实际的关系模型。为了反映出各个表所表示的实体之间的联系，公共字段名往往起着“桥梁”的作用。这仅仅从形式上看，在实际分析时，应当从语义上来确定联系。

【例 1-1】 学生—成绩—课程关系模型和公共字段名的作用。

StudentInfo（StudentNo，StudentName，ClassNo，Sex，Birthday，Telephone，Photograph，Members）

StudentScore（StudentNo，CourseNo，KKXQ，TestScore，UsualScore，TotalMark，Remarks）

CourseInfo（CourseNo，CourseName，DeptNo，ExpStuTime，Credits）

在 Access 中，由学生基本情况、成绩、课程三个关系模式形成三个表，如图 1-11 所示。组成的关系模型，如图 1-12 所示。

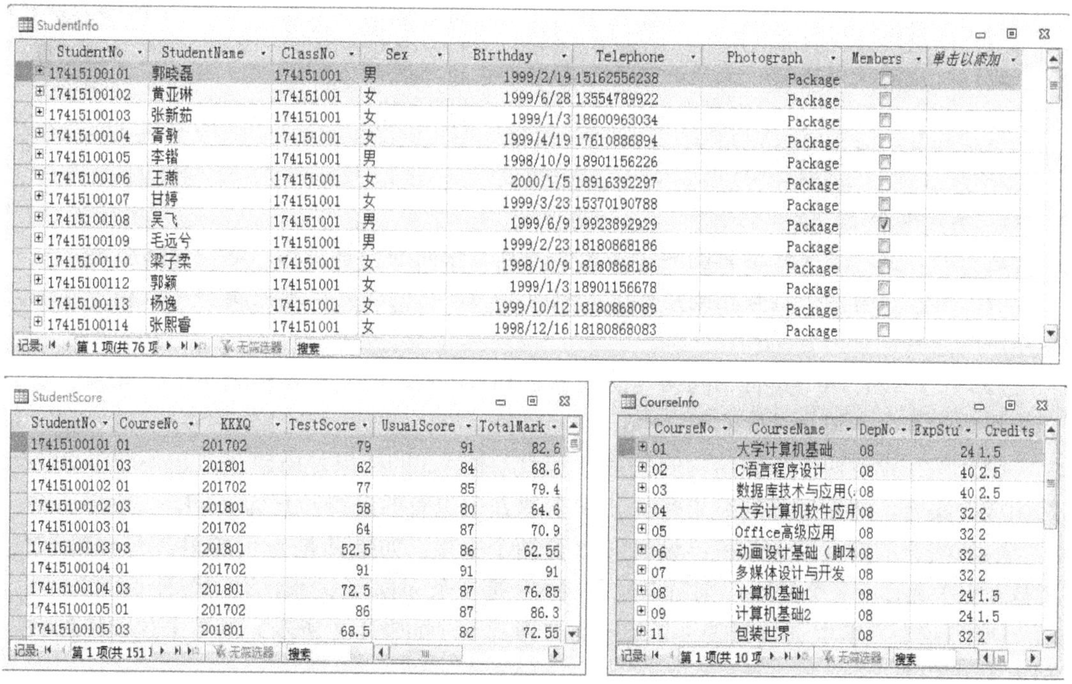

StudentInfo

StudentNo	StudentName	ClassNo	Sex	Birthday	Telephone	Photograph	Members	单击以添加
17415100101	郭晓磊	174151001	男	1999/2/19	15162556238	Package		
17415100102	黄亚琳	174151001	女	1999/6/28	13554789922	Package		
17415100103	张新茹	174151001	女	1999/1/3	18600963034	Package		
17415100104	胥敏	174151001	女	1999/4/19	17610886894	Package		
17415100105	李锴	174151001	男	1998/10/9	18901156226	Package		
17415100106	王燕	174151001	女	2000/1/5	18916392297	Package		
17415100107	甘婷	174151001	女	1999/3/23	15370190788	Package		
17415100108	吴飞	174151001	男	1999/6/9	19923892929	Package	✓	
17415100109	毛远兮	174151001	男	1999/2/23	18180868186	Package		
17415100110	梁子柔	174151001	女	1998/10/9	18180868186	Package		
17415100112	郭颖	174151001	女	1999/1/3	18901156678	Package		
17415100113	杨逸	174151001	女	1999/10/12	18180868089	Package		
17415100114	张熙睿	174151001	女	1998/12/16	18180868083	Package		

记录：第 1 项(共 76 项　无筛选器　搜索

StudentScore

StudentNo	CourseNo	KKXQ	TestScore	UsualScore	TotalMark
17415100101	01	201702	79	91	82.6
17415100101	03	201801	62	84	68.6
17415100102	01	201702	77	85	79.4
17415100102	03	201801	58	80	64.6
17415100103	01	201702	64	87	70.9
17415100103	03	201801	52.5	86	62.55
17415100104	01	201702	91	91	91
17415100104	03	201801	72.5	87	76.85
17415100105	01	201702	86	87	86.3
17415100105	03	201801	68.5	82	72.55

记录：第 1 项(共 151　无筛选器　搜索

CourseInfo

CourseNo	CourseName	DepNo	ExpStu	Credits
01	大学计算机基础	08	24	1.5
02	C语言程序设计	08	40	2.5
03	数据库技术与应用(	08	40	2.5
04	大学计算机软件应用	08	32	2
05	Office高级应用	08	32	2
06	动画设计基础（脚本	08	32	2
07	多媒体设计与开发	08	32	2
08	计算机基础1	08	24	1.5
09	计算机基础2	08	24	1.5
11	包装世界	08	32	2

记录：第 1 项(共 10 项　无筛选器　搜索

图 1-11　学生成绩管理系统数据库中的三个表

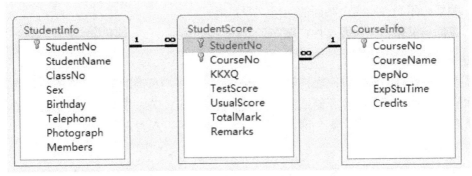

图 1-12 组成的关系模型

在关系数据库中,基本的数据结构是二维表,表之间的联系常通过不同表中的公共字段来体现。例如,要查询某学生某门课程的成绩,首先在课程表中根据课程名称找到课程代码,再到成绩表中,按照课程代码找到某学生的某门课程的成绩。如果要进一步查询该学生的基本情况,可以根据学号在学生基本情况表中找到相关信息。在上述查询过程中,同名字段"StudentNo"和"CourseNo"起到了表之间的连接"桥梁"作用,这正是外键的作用。

由以上示例可见,关系模型中的各个关系模式不是孤立的,它们不是随意堆砌在一起的一堆二维表,要使得关系模型正确地反映事物及事物之间的联系,需要进行关系数据库的设计。

1.3.2 关系运算

对关系数据库进行查询时,需要找到用户感兴趣的数据,这就需要对关系进行一定的关系运算。关系的基本运算有两类:一类是传统的集合运算(并、交、差等),另一类是专门的关系运算(选择、投影、连接)。有些查询需要几个基本运算的组合。

关系运算
(视频)

1. 集合运算

进行并、交、差集合运算的两个关系必须具有相同的关系模式,即相同的结构。

(1)并:设有两个具有相同结构的关系 A 和 B,它们的并集是由属于 A 或属于 B 的元组组成的集合,记为 $A \cup B$。

(2)交:设有两个具有相同结构的关系 A 和 B,它们的交集是由既属于 A 又属于 B 的元组组成的集合,记为 $A \cap B$。

(3)差:设有两个相同结构的关系 A 和 B,A 差 B 的结果是由属于 A 但不属于 B 的元组组成的集合,即差运算的结果是从 A 中去掉 B 中也有的元组,记为 $A-B$。

(4)集合的广义笛卡尔积:设 A 和 B 是两个关系,如果 A 是 m 元关系,有 i 个元组;B 是 n 元关系,有 j 个元组;则笛卡尔积 $A \times B$ 是一个 $m+n$ 元关系,有 $i \times j$ 个元组。

【例 1-2】 学生 A(如表 1-2 所示)×课程 B(如表 1-3 所示)的笛卡尔积运算结果如表 1-4 所示。

表 1-2　学生 A

学号	姓名	性别
17415100101	柏志强	男
17415100102	邓杰	男
17415100203	刘清	女

表 1-3　课程 B

课程代码	课程名称	学时
01	大学计算机基础	24
02	数据库技术及应用	40

表 1-4　学生 A×课程 B 的笛卡尔积运算结果

学号	姓名	性别	课程代码	课程名称	学时
17415100101	柏志强	男	01	大学计算机基础	24
17415100101	柏志强	男	02	数据库技术及应用	40
17415100102	邓杰	男	01	大学计算机基础	24
17415100102	邓杰	男	02	数据库技术及应用	40
17415100203	刘清	女	01	大学计算机基础	24
17415100203	刘清	女	02	数据库技术及应用	40

2. 专门的关系运算

（1）选择：选择运算是指从关系中找出满足条件的元组的操作，记为：

$$\sigma_{<条件表达式>}(R)$$

其中，σ 是选择运算符，R 是关系名。

选择运算是从行的角度进行运算的，相当于从水平方向抽取记录，如图 1-13 所示。选择的条件以逻辑表达式的形式表示，逻辑表达式的值为真的元组被选取。经过选择运算得到的结果可以形成新的关系，其关系模式不变，但其中的元组是原关系的一个子集。

例如，在表 1-1 中，想知道学号为 17415100101 的学生的基本情况，使用选择操作，可筛选掉学号为 17415100101 以外的其他所有记录，从而得到该学生的政治面貌为团员。

（2）投影：投影运算是从关系中选取若干属性组成新的关系，记为：

$$\pi_A(R)$$

其中 π 是投影运算符，A 是被投影的属性或属性组，R 是关系名。

投影运算是从列的角度进行运算的，相当于对关系进行垂直分解，如图 1-14 所示。投影运算可以得到一个新的关系，其关系模式所包含的属性个数往往比原关系少或属性的排列顺序不同。

例如，在表 1-1 中，如果只想知道学生的姓名、出生日期，投影操作可用于筛除其他属性，并建立一个只含姓名和出生日期的关系。

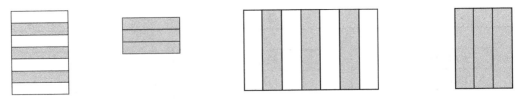

图 1-13　选择运算从行的角度进行

图 1-14　投影运算从列的角度进行

（3）连接：连接运算是将两个关系的若干属性拼接成一个新的关系的操作，在对应的新关系中，包含满足连接条件的所有元组，记为：

$$R \underset{A\theta B}{\infty} S$$

其中，R、S 是关系名，A、B 分别是 R 和 S 中相等且可比的属性组。θ 是比较运算符。

连接过程是通过连接条件来控制的，连接条件中将出现两个表中的公共属性名，或者具有相同语义、可比的属性，如图 1-15 所示。

R

A	B	C
a1	b1	5
a1	b2	6
a2	b3	8
a2	b4	12

S

B	E
b1	3
b2	7
b3	10
a2	2
a1	2

→

$$R \underset{C<E}{\infty} S$$

$$R \underset{A=B}{\infty} S$$

$$R \underset{R.B=S.B}{\infty} S$$

图 1-15　连接运算示例

等值连接：当连接条件为“=”时的连接运算。

自然连接：是一种特殊的等值连接，它要求两个关系中进行比较的分量是相同的属性组，并且在结果中把重复的属性列去掉。

【例 1-3】　如图 1-16 中所示的关系 R 和 S，求等值连接 $R \underset{R.B=S.B}{\infty} S$ 和自然连接 $R\infty S$ 的值。结果如图 1-16 所示。

$$R \underset{R.B=S.B}{\infty} S$$

A	R.B	C	S.B	E
a1	b1	5	b1	3
a1	b2	6	b2	7
a2	a3	8	a3	10

$$R\infty S$$

A	R.B	C	E
a1	b1	5	3
a1	b2	6	7
a2	a3	8	10

图 1-16　等值连接和自然连接运算结果

从例子中可以看出，不同关系中的公共属性（外码）或者具有相同语义的属性是关系模型中体现事物之间联系的手段。比如，在学生成绩管理系统中，有学生基本情况表（学号，姓名，性别，班级编号，政治面貌）和成绩表（学号，课程代码，考试成绩，平时成绩，总成绩），两个表可以进行自然连接，形成新关系，如果只关注成绩可以再进行投影运算形成关系（学号，班级编号，课程代码，考试成绩，平时成绩，总成绩）。

总之，在对关系数据库的查询中，利用关系的选择、投影、连接运算可以很方便地分解或构造新的关系。这就是关系数据库具有灵活性和强大功能的关键之一。

1.4　数据库系统的体系结构

1972 年，美国国家标准协会计算机与信息处理委员会（ANSI/X3）成立了一个 DBMS 研究组，试图规定一个标准化的数据库系统结构来规定总体结构、标准化数据库系统的特征，包括数据库系统的接口和各部分所提供的功能，这就是有名的 SPARC（Standard Planning And Requirement Committee）分级结构。这分级结构以内模式、概念模式和外模式三个层次来描述数据库。

数据库系统的体系结构是数据库系统的一个总框架，尽管实际的数据库系统软件产品名目繁多，支持不同的数据模型、使用不同的数据库语言、建立在不同的操作系统环境之上且各有不同的存储结构，但数据库系统在总的体系结构上都具有三级模式的结构特征。

它们之间的联系经过两次转换，把用户所看到的数据变成计算机存储的数据，即三级模式两级映像，如图 1-17 所示。

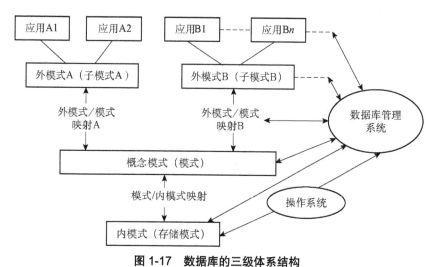

图 1-17　数据库的三级体系结构

1.4.1　三级模式

1. 外模式

外模式也称子模式或用户模式，它是用户（包括应用程序员和最终用户）看见和使用的局部数据的逻辑结构和特征的描述，是用户的数据视图，是与某一应用有关的数据的逻辑表示。一个应用只能启动一个外模式，一个外模式可以为多个应用启用，如图 1-17 中的外模式 A 被应用 A1 和应用 A2 启用。对于同一个对象，因不同的需求，使用不同的程序设计语言，不同的用户外模式的描述可能各不相同，另外同一数据在外模式中的结构、类型、长度、保密级别也都可能不同。

外模式属于模式的子集。数据库系统提供外模式数据定义语言（Data Definition Language，外模式 DDL），用外模式写出的一个用户数据视图逻辑定义的全部语句称为此用户的外模式。

2. 概念模式

概念模式简称为模式，是数据库中全体数据的逻辑结构和特征的描述，是所有用户的公共数据视图。

概念模式不同于外模式，它与具体的应用程序及高级语言无关，也不同于内模式，它比内模式抽象，并且不涉及数据的物理存储结构和硬件环境。数据库系统提供概念模式描述语言（概念模式 DDL）来严格地定义模式所包含的内容，用 DDL 写出的一种数据库逻辑定义的全部语句，称为数据库的模式。模式是对数据库结构的一种描述，而不是数据库本身，它是装配数据库的一个框架。

3. 内模式

内模式又称为存储模式，是全部数据在数据库系统内部的表示或底层描述，即为数据的物理结构和存储方法的描述。

内模式具体描述了数据如何组织并存入外部存储器上，一般由系统程序员根据计算机系统的软硬件配置决定数据存储方法，并编制程序实现存取，因而内模式对用户是透明的。内模式是用内模式描述语言（内模式 DDL）来描述或定义的。

1.4.2　二级映像

1. 外模式/模式映像

外模式/模式映像定义了某个外模式和模式之间的对应关系，是数据的全局逻辑结构和数据的局部逻辑结构之间的映像，这些映像定义通常包含在各自的外模式中。当系统要求改变模式时，可改变外模式/模式的映射关系而保持外模式不变。如数据管理的范围扩大或某些管理的要求发生改变后，数据的全局逻辑结构发生变化，对不受该全局变化影响的局部而言，最多改变外模式与模式之间的映像，基于这些局部逻辑结构所开发的应用程序就不必修改。这种特性称为用户数据的逻辑数据独立性。

2. 模式/内模式映像

模式/内模式映像定义了数据逻辑结构和存储结构之间的对应关系，当数据库的存储结构发生改变时，如存储数据库的硬件设备发生变化或存储方法发生变化而引起内模式的变化，由于模式和内模式之间的映像使数据的逻辑结构可以保持不变，因此应用程序可以不必修改。这种全局的逻辑数据独立于物理数据的特性称为物理数据独立性。

由于有了上述两种数据独立性，数据库系统就可将用户数据和物理数据结构完全分开，使用户避免烦琐的物理存储细节。由于用户程序不依赖于物理数据，也就减少了应用程序开发和维护的难度。

1.5 Access 简介

1.5.1 Access 概述

Access 是由美国 Microsoft 公司推出的关系型数据库管理系统，是微软办公软件包的一部分。它具有界面友好、易学易用、开发简单、接口灵活等特点，是典型的新一代桌面数据库管理系统。Access 完善管理各种数据库对象，具有强大的数据组织、用户管理、安全检查等功能。在一个工作组级别的网络环境中，使用 Access 开发的多用户数据库管理系统具有传统的 XBASE（DBASE、FoxBASE 的统称）数据库系统所无法实现的客户机/服务器（Client/Server）结构和相应的数据库安全机制。它具备许多先进大型数据库管理系统所具备的特征，如事务处理、出错回滚能力等。

Access 提供了表生成器、查询生成器、宏生成器和报表设计器等多种可视化的操作工具；数据库向导、表向导、查询向导、窗体向导以及报表向导等多种向导。这可以使用户不用编写一行代码，就可以在短时间里开发出一个功能强大且相当专业的数据库应用程序，并且这一过程完全是可视的。Access 还为开发者提供了 Visual Basic for Application（VBA）编程功能，如果能给数据库应用系统加上一些简短的 VBA 代码，那么开发出的程序就与专业程序员潜心开发的程序一样。

Access 应用广泛，它不仅可以作为个人的 RDBMS（关系数据库管理系统）来使用，而且还可以用在中小型企业和大型公司中来管理大型的数据库。例如，可以使用它来创建一个包含所有家庭成员的姓名、电子邮件、爱好、生日、健康状况等信息的数据库；在一个小型企业或者学校中，可以使用 Access 简单而又强大的功能来管理运行业务所需要的数据；在大型公司中，能够链接工作站、数据库服务器或者主机上的各种数据库格式；作为大型数据库解析，特别适合创建客户机/服务器应用程序的工作站部分。

Access 经历了一个长期的发展过程。1992 年 11 月 Microsoft 公司发行了 Windows 数据库关系系统 Access 1.0 版本。从此，Access 不断改进和优化。自 1995 年起，Access 成为办公软件 Office 95 的一部分。多年来，Microsoft 先后推出过的 Access 版本有 2.0、7.0/95、8.0/97、9.0/2000、10.0/2002，直到今天的 Access 2003、2007、2010 版本。本教程以 Access 2010 版为教学背景。

1.5.2 Access 2010 的工作界面

1. 初始界面

用户从"开始"菜单或桌面快捷方式启动 Access 2010，显示初始界面。此时用户可以创建一个新的空白数据库或者通过模板创建数据库或者打开最近的数据库（如果之前已经打开某些数据库）或者打开现有的数据库，如图 1-18 所示。

图 1-18　初始界面

2. 用户界面

打开已有数据库或者创建空白数据库，进入 Access 用户界面。Access 2010 采用了一种全新的用户界面，这种界面是 Microsoft 公司重新设计的，相对于旧版本 Access 2002、2003 等，用户界面发生了相当大的变化；相对于 Access 2007，新增加了 Backstage（后台）视图。这种界面可以帮助用户提高工作效率。

Access 2010 用户界面由 3 个主要部分组成，分别是后台视图、功能区、导航窗格。这 3 个部分提供了用户创建和使用数据库的基本环境。

打开"学生成绩管理系统"数据库后，Access 2010 用户界面如图 1-19 所示。

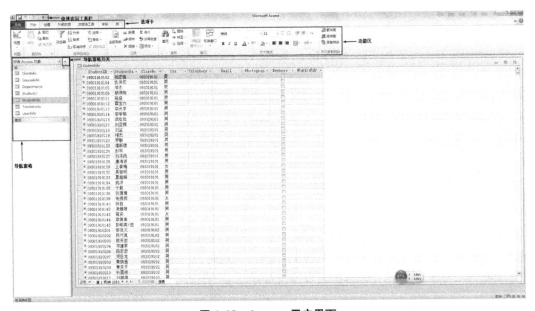

图 1-19　Access 用户界面

3. Backstage 视图

Backstage（后台）视图是 Access 2010 中新增加的功能。在启动 Access 2010 后未打开数据库时显示的窗口就是后台视图，如图 1-18 所示。

后台视图取代了传统的"文件"菜单，占据功能区中的"文件"选项卡，包含很多以前出现在 Access 早期版本的"文件"菜单。

可通过后台视图管理数据库并更快更直接地找到所需数据库工具，简化了查找和使用功能。在所有 Office 2010 应用程序中，都用 Backstage 视图取代了传统的"文件"菜单，从而为管理数据库和自定义 Access 体验提供了一个集中的有序空间。

4. 功能区

"功能区"位于程序窗口顶部的位置，如图 1-19 所示，以选项卡的形式将各种相关的功能组合在一起。使用 Access 2010 的"功能区"，可以更快地查找相关命令组。例如，要创建一个新的窗体，可以在"创建"选项卡下找到各种创建窗体的方式。同时，使用这种选项卡式的"功能区"，使得各种命令的位置与用户界面更加接近，使各种功能按钮不再嵌入菜单中，大大方便了用户的使用。

"功能区"有 4 个选项卡，分别为"开始"、"创建"、"外部数据"和"数据库工具"。

另外，当用户打开或者创建一个对象时，会出现"上下文命令"选项卡。例如，当用户打开一个数据表时，会出现"表格工具"下的"字段"和"表"选项卡。

打开或创建不同对象时，在对象设计工具下会出现不同数量和功能的选项卡。例如，用报表设计视图创建一个报表时，会出现"报表设计工具"下的 3 个选项卡，即"设计"、"排列"和"页面设置"。

5. 导航窗格

"导航窗格"区域位于窗口左侧，用于显示当前数据库中各数据库对象。导航窗格取代了 Access 早期版本中的数据库窗口，如图 1-20 所示。

单击"导航窗格"上方的小箭头，即可弹出"浏览类别"菜单，可以在该菜单中选择查看对象的方式，如图 1-21 所示。

图 1-20　"导航窗格"界面

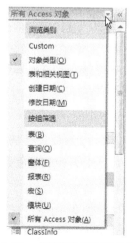

图 1-21　"浏览类别"菜单界面

**图 1-22　"自定义快速访问
工具栏"界面**

6. 快速访问工具栏

"Office"按钮右侧为快速访问工具栏，默认状态下包括"保存"按钮、"撤销"按钮和"恢复"按钮。单击快速访问工具栏右边的小箭头，可以弹出"自定义快速访问工具栏"菜单，用户可以在该菜单中设置需要在该工具栏中显示的图标，如图 1-22 所示。

7. "Access 帮助"按钮

单击 Access 中的"Access 帮助"按钮，即可弹出"Access 帮助"窗口。在"Access 帮助"窗口中，用户可以单击"浏览 Access 帮助"列表中的链接，即可查看详细的帮助类别。

1.5.3　Access 的六大对象

一些用户一直认为 Access 只是一个能够简单存储数据的容器，前面我们提到 Access 数据库能完成的功能有很多，那么这些功能是靠什么结构来实现的呢？

Access 的主要功能就是通过 Access 的六大数据对象来实现的，它们是"表"、"查询"、"窗体"、"报表"、"宏"和"模块"。与以前版本不同的是，Access 2010 不再支持数据访问页。如果打开一个使用早期 Access 版本创建的数据库（.mdb 文件），并且该数据库包含数据访问页，则可以在 Windows Internet Explorer 中查看这些页，但不能对这些页进行任何操作。

1. "表"对象

表是数据库中最基本的组成单位。建立和规划数据库，首先要做的就是建立各种数据表。数据表是数据库存储数据的唯一单位，它将各种信息分门别类地存放在各种数据表中。

2. "查询"对象

使用一些限制条件来选取表中的数据（记录）称为"查询"。例如，查询某门课程成绩达到 90 分以上的学生的信息。用户可以将查询保存，成为数据库中的"查询"对象，在实际操作中，可以随时打开既有的查询察看，提高工作效率。"成绩查询"可以设置为按不同条件查询学生的成绩。

3. "窗体"对象

窗体是用户与 Access 数据库应用程序间进行数据传递的"桥梁"，其功能在于建立一个可以查询、输入、修改和删除数据的操作界面，它可以控制用户与数据库之间的交互方式。

4. "报表"对象

报表主要用于打印或显示，因此一个报表通常可以回答一个特定的问题。例如，某班学生的基本信息，某班某门课程的成绩信息等。要将数据库中的数据按某样式进行打印，使用报表是最简单有效的方法。

5. "宏"对象

宏是一个或多个命令的集合，其中每个命令都可以实现特定的功能，通过组合这些命令，可以自动完成某些经常重复或复制的操作。例如，打开窗体、生成报表、保存修改等。利用宏可以简化以上这些操作，使大量重复性的操作自动完成，从而使管理和维护 Access 数据库更加简单。

6. "模块"对象

模块是建立复杂的 VBA 程序以完成"宏"等不能完成的任务。模块中的每一个过程都是一个函数过程或子程序。通过"模块"与"窗体"、"报表"等 Access 对象相联系，可以建立完整的数据库应用系统。

一般而言，使用 Access 不需要编程就可以创建功能强大的数据库应用程序，但是通过在 Access 中编写 Visual Basic 程序，用户可以编写出复杂的、运行效率更高的数据库应用程序。

本章小结

本章知识点有数据库系统概述，包括数据处理、数据管理的发展、数据库系统组成、数据库系统体系结构。数据库系统组成包括人员、硬件、软件。本章介绍了数据模型，根据设计数据库的不同阶段及模型应用的不同目的，可以将模型划分为概念模型、逻辑模型、外部模型、内部模型 4 种。重点说明了逻辑模型中的关系模型及关系运算。其中解释了一些数据库技术的专业术语。与概念结构有关的有实体、属性、实体型、实体集、联系；与逻辑结构有关的有元组、属性、关系模式、关系；与物理结构有关的有记录、字段、表结构、表。

本章初步说明了 Access 系统概述，包括 Access 系统特性、Access 2010 的优点、Access 2010 的工作界面、Access 的六大对象。

知识结构图

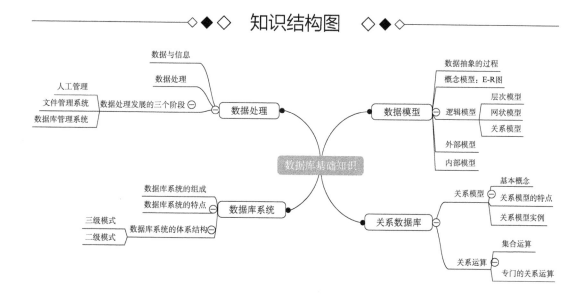

思考题

1. 数据和信息有什么联系和区别？
2. 什么是数据的逻辑独立性？什么是数据的物理独立性？
3. 简述数据库管理系统的主要功能。
4. 简述数据库管理系统的体系结构。
5. 什么是主关键字，它的作用是什么？什么是外部关键字，它的作用是什么？
6. 简述数据模型的分类。简述现实世界数据转换成计算机世界数据的数据抽象过程。
7. Access 2010 的工作界面由哪几部分组成？

第 **2** 章 数据库和表的基本操作

"学生成绩管理系统"
数据库（数据库文件）

第2章 章节导
读（视频）

✎ **学习目标**

1. 掌握创建数据库、打开和关闭数据库的基本操作。
2. 掌握创建数据库表的方法、表字段属性设置和表间关系的建立。
3. 掌握表结构和记录的修改、表中记录的排序和筛选、数据的导入和导出。

Access 作为关系数据库管理系统，可以组织、存储并管理文本、数字、图片、动画、声音等多种类型的数据。本章介绍数据库的基本操作、表的建立和表的编辑等内容。

2.1 数据库的基本操作

Access 数据库以单独的文件保存在磁盘中，事实上，Access 数据库是一个一级容器对象，其他 Access 对象均置于该容器对象之中，称为 Access 数据库子对象。基于这一特点，在使用 Access 组织、存储和管理数据时，应先创建数据库，然后在该数据库中创建所需要的数据库对象。

2.1.1 创建数据库

创建数据库有两种方法：一是使用 Access 提供的模板来创建；二是先建立一个空数据库，再向其中添加表、查询等其他对象。创建数据库后，可以随时修改或扩展数据库。Access 2010 数据库文件的扩展名是.accdb 或者.accde。

创建数据库
（视频）

1. 使用模板创建数据库

Access 提供了一组现成的数据库模板，简化了数据管理。

【**例 2-1**】　使用数据库模板创建"学生"数据库，并保存在 E 盘的 Access 文件夹中。操作步骤如下：

（1）启动 Access，单击"文件"选项卡，在左侧窗格中单击"新建"命令。

（2）单击"样本模板"按钮，从所列模板中选择"学生"模板。在右侧窗格下方的"文件名"文本框中，给出了一个默认的文件名"学生.accdb"。

（3）单击右侧的"浏览"按钮 📂，打开"文件新建数据库"对话框。在该对话框中找到 E 盘 Access 文件夹并打开。单击"确定"按钮，返回到 Access 窗口。

（4）单击右侧下方的"创建"按钮，完成数据库的创建。单击左侧"导航窗格"区域上方的"百页窗开/关"按钮，可以看到所建数据库及各类对象，如图 2-1 所示。

使用模板创建的数据库包含了表、查询、窗体和报表等对象。在图 2-1 所示导航窗格中，单击"学生导航"栏右侧的下拉按钮，从打开的组织方式列表中选择"对象类型"选项，这时可以按对象类型看到"学生"数据库中的表、查询、窗体和报表等对象，如图 2-2 所示。

图 2-1　"学生"数据库

图 2-2　"学生"数据库对象

2. 直接创建空数据库

Access 提供的模板含有已定义好的数据结构，如果某个模板符合用户管理的要求，使用模板可以快速地开始使用数据库。但是，如果没有满足要求的模板，或要将其他应用程序中的数据导入 Access，那么最好不使用模板。因为模板含有已定义好的数据结构，要使导入的数据适合模板的结构需要进行大量的工作。这时最好使用空数据库，创建空数据库只是创建数据库的外壳，数据库中没有任何对象和数据。创建空数据库后，可以根据需要添加表、查询、窗体、报表、宏和模块等对象。

【**例 2-2**】　建立"学生成绩管理系统"数据库，并将建好的数据库保存在 E 盘的 Access 文件夹中。

操作步骤如下：

（1）在 Access 窗口中单击"文件"选项卡，单击"新建"→"空数据库"选项。

（2）在右侧窗格下方的"文件名"文本框中，有一个默认的文件名"Database1.accdb"，将该文件名改为"学生成绩管理系统"，输入文件名时，如果未输入扩展名，Access 会自动添加。

（3）单击其右侧的"浏览"按钮，弹出"文件新建数据库"对话框。在该对话框中，找到 E 盘的 Access 文件夹并打开，如图 2-3 所示。

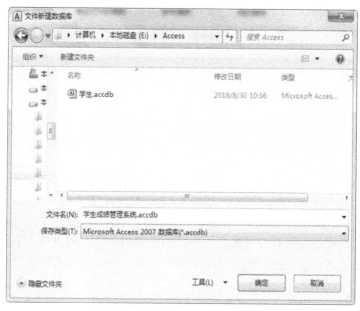

图 2-3 "文件新建数据库"对话框

（4）单击"确定"按钮，返回到 Access 窗口，在右侧窗格的下方显示了数据库的名称和保存的位置。

（5）单击"创建"按钮，新建一个空数据库。新建的空数据库自动创建了一个名称为"表 1"的数据表，该表以数据表视图方式打开，数据表视图中有两个字段：一个是默认的"ID"字段，另一个是用于添加新字段的标志"单击以添加"，光标位于"单击以添加"列的第一个空单元格中，如图 2-4 所示。

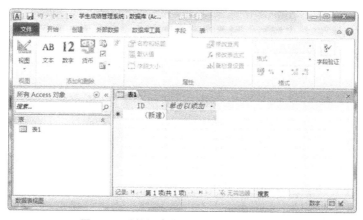

图 2-4 以数据表视图方式打开"表 1"

在创建的空数据库中还没有其他对象，可以根据需要建立对象。注意：创建数据库前，最好先建立用于保存该数据库文件的文件夹，以方便创建和管理。

2.1.2　打开与关闭数据库

在 Access 中对数据进行处理时，经常要打开或关闭数据库文件，下面介绍打开与关闭数据库的操作。

1. 打开数据库

打开数据库有两种方法：一是在资源管理器窗口中直接双击数据库文件名；二是在 Access 窗口中，利用"文件"选项卡下的"打开"或"最近使用文件"命令。

【例 2-3】　使用"打开"命令，打开 E 盘 Access 文件夹中的"学生成绩管理系统"数据库。

操作步骤如下：

（1）在 Access 窗口中，单击"文件"选项卡，在左侧窗格中单击"打开"命令。

（2）在弹出的"打开"对话框中，找到 E 盘的 Access 文件夹并打开。

（3）单击"学生成绩管理系统"数据库文件名，再单击"打开"按钮。

Access 自动记忆了最近打开过的数据库，对于最近使用过的文件，直接单击"文件"选项卡，再单击左侧窗格中的"最近所用文件"命令，单击文件名称即可打开。

2. 关闭数据库

对数据库操作完成以后，需要将其关闭，关闭数据库通常有以下 4 种方法。

（1）单击 Access 窗口右上角的"关闭"按钮 ⊠ 。

（2）双击 Access 窗口左上角的"控制"菜单图标 Ⓐ 。

（3）单击 Access 窗口左上角的"控制"菜单图标 Ⓐ，从弹出的菜单中选择"关闭"命令。

（4）单击"文件"选项卡，选择"关闭数据库"命令。

2.1.3　数据库加密

给 Access 数据库文件设置密码后，不知道密码的用户将无法直接打开该数据库文件，从而在一定程度上保护了数据库的安全，当密码泄露或不再需要密码时，可以重新设置或撤销密码。

1. 设置密码

设置或撤销密码都必须以独占方式打开数据库；否则，系统将产生错误，提示必须以独占方式打开数据库。

【例 2-4】　对"学生成绩管理系统"数据库设置访问密码。

操作步骤如下：

（1）启动 Access 2010，单击"文件"→"打开"命令，弹出"打开"对话框。找到"学生成绩管理系统"数据库文件并选中，单击"打开"按钮 ▭打开⒪▭ 右侧的下拉按钮，在弹出的列表中选中"以独占方式打开",如图 2-5 所示,单击"打开"按钮,打开数据库文件。

图 2-5　"打开"对话框

(2)单击"文件"→"信息"→"用密码进行加密"按钮,弹出"设置数据库密码"对话框,如图 2-6 所示。

(3)在"密码"和"验证"文本框中输入相同的密码,单击"确定"按钮完成对密码的设置。

当打开"学生成绩管理系统"数据库时,会弹出"要求输入密码"的对话框,只有输入正确的密码才能打开数据库。

2. 撤销密码

撤销密码与设置密码的过程几乎完全相同,下面对撤销密码的方法进行简单的介绍。

(1)以独占方式打开被加密的数据库。

(2)单击"文件"→"信息"→"解密数据库"按钮,弹出"撤销数据库密码"对话框,如图 2-7 所示。

图 2-6　"设置数据库密码"对话框

图 2-7　"撤销数据库密码"对话框

(3)在"密码"文本框中输入原来设置的密码,单击"确定"按钮,完成撤销密码的操作。

如果需要修改密码,则撤销密码后再重新设置密码即可。

在 Access 2010 中，通过设置数据库密码可以增强数据库的安全性。因此设置数据库密码是保护数据库安全的必要方法之一。

2.1.4　数据库备份

数据库备份的方法主要有两种：一是利用"文件"选项卡下的"保存并发布"菜单中的"数据库另存为"来实现；二是直接利用"生成 ACCDE"来进行备份。

ACCDE 文件是 Access"锁定"或"仅执行"的版本，ACCDE 文件仅包含编译的 VBA 代码，用户不能查看或修改模块内容，也无法更改窗体或报表的设计。因此，将 Access 数据库文件生成 ACCDE 文件是保护数据库安全的一个有效手段。

1. 利用"数据库另存为"来进行备份

操作方法如下：

（1）打开需要备份的数据库，单击"文件"→"保存并发布"→"数据库另存为"命令，如图 2-8 所示。

图 2-8　"数据库另存为"命令

（2）单击图 2-8 中的"备份数据库"命令，再单击"另存为"按钮，弹出如图 2-9 所示的"另存为"对话框。在"另存为"对话框中选择保存路径，在"文件名"文本框中输入文件名，单击"保存"按钮即可。

这种方法类似于"数据库另存为"的功能，其实利用 Windows 的"复制"功能也可以完成数据库的备份。

图 2-9 "另存为"对话框

2. 利用"生成 ACCDE"命令进行备份

操作方法如下：

（1）打开需要备份的数据库，如"学生成绩管理系统"数据库。单击"文件"→"保存并发布"→"生成 ACCDE"命令，再单击"另存为"按钮。

（2）在弹出的"另存为"对话框中选择保存路径，输入文件名，单击"保存"按钮，系统将打包当前数据库生成 ACCDE 文件并保存在指定路径中。

当不小心将该数据库误删后，可查看备份的数据库，其数据和原数据库的数据完全相同。

2.2 创 建 表

Access 至少包含一个表。表是数据库的数据中心，也是最基本的数据库对象，其他对象都构建在表的基础上。在建好空数据库以后，要先建立表对象和各表之间的关系，以提供数据的存储构架，然后再创建其他 Access 对象，最终形成完整的数据库。

2.2.1 数据表的组成

表由表结构和表内容（记录）两部分构成。表结构是指表的框架，主要包括字段名称、数据类型和字段属性等。

1. 字段名称

每个字段均具有唯一的名字，称为字段名称。在 Access 中，字段名称的命名规则如下：

（1）长度为 1～64 个字符。

（2）可以包含字母、数字、空格和其他字符，但不能以空格开头。

（3）不能包含句号（.）、惊叹号（!）、方括号（[]）和单引号（'）。

（4）不能使用 ASCII 码为 0～32 的 ASCII 字符。

2. 数据类型

Access 数据表是一个二维表，一个表中的同一列数据应具有相同的数据特征，称为字段的数据类型。数据类型决定了数据存储方式和使用方式。Access 2010 提供了 12 种数据类型，包括文本、备注、数字、日期/时间、货币、自动编号、是/否、OLE 对象、超链接、附件、计算和查阅向导。

（1）文本型。文本型字段用来存储文字或数字，如住址；或者是不需要计算的数字，如电话号码。该类型最多可以存储 255 个字符，当超过 255 个字符时应选择备注型。

（2）备注型。备注型字段用于存储较长的文本或数字，如简短的备忘录或说明，最多可存储 65535 个字符。注意，不能对备注型字段进行排序或索引。

（3）数字型。数字型字段用于存储进行算术运算的数字数据，由数字、小数点和正负号组成，可以通过"字段大小"属性来设置特定的数字型。数字型的类型及其取值范围如表 2-1 所示。

表 2-1 数字型的类型及其取值范围

数字类型	值的范围	小数位数	字段大小
字节	0～255	无	1 字节
整型	−32 768～32 767	无	2 字节
长整型	−2 147 483 648～2 147 483 647	无	4 字节
单精度型	$-3.4\times10^{38}\sim3.4\times10^{38}$	7	4 字节
双精度型	$-1.797\,34\times10^{308}\sim1.797\,34\times10^{308}$	15	8 字节

（4）日期/时间型。日期/时间型字段用于存储日期、时间或日期和时间的组合，字段大小固定为 8 个字节。

（5）货币型。货币型是数字类型的特殊类型，用于存储货币值，向货币型字段输入数据时，系统会自动添加货币符号、千位分隔符和两位小数。使用货币型可以避免计算时四舍五入处理，字段大小为 8 个字节。

（6）自动编号型。自动编号就是指添加记录时 Access 自动插入的一个记录序号，自动编号字段的数值不能人为地更改，也不会因为删除记录而释放原记录的字段值。每个表只能有一个自动编号型字段。

（7）是/否型。是/否型即布尔型，是针对只有两种不同取值的字段而设置的，如 Yes/No，True/False，On/Off 等数据。在 Access 中，使用"−1"表示所有"是"值，使用"0"表示所有"否"值。字段大小为 1 个字节。

（8）OLE 对象型。OLE 对象型字段用于存储链接或嵌入的对象，这些对象以文件形式存在，可以是 Word、Excel、图像、声音或其他二进制数据。OLE 对象型字段最大容量为1GB，OLE 对象型数据不能建立索引。

（9）超链接型。超链接型字段以文本形式保存超链接的地址，用来链接到文件、Web页、电子邮件地址、本数据库对象或书签。当单击一个超链接时，Web 浏览器或 Access 将根据超链接的地址打开指定的目标。

（10）附件型。附件型字段用于存储所有种类的文档和二进制文件，但不能键入或以其他方式输入文本或数字数据。对于压缩的附件，附件型字段最大容量为 2GB，对于非压缩的附件，最大容量为 700KB。该类型不能建立索引。

（11）计算型。计算型字段用来显示计算结果，计算时必须引用同一表中的其他字段。可以使用表达式生成器来创建计算。计算型字段的长度为 8 个字节。该类型不能建立索引。

（12）查阅向导型。查阅向导型字段用来实现查阅另外表上的数据，或查阅从一个列表中选择的数据。通过查阅向导建立字段数据列表，在列表中选择需要的数据作为字段的内容。

3. 字段属性

字段属性包括字段大小、格式、输入掩码、默认值、有效性规则、索引等。不同的数据类型其字段属性有所不同，定义字段属性可以对输入的数据进行限制或验证，也可以控制数据在数据表视图中的显示格式。

2.2.2　创建数据表的常用方法

创建表结构
（视频）

在向表中输入数据以前，应先建立表的结构，即定义字段名称、数据类型，设置字段的属性等。可以使用数据表视图和设计视图两种方法来建立表结构。

1. 在数据表视图中创建表结构

数据表视图是按行和列显示表中数据的视图。在数据表视图中，可以进行字段的添加、编辑和删除，也可以完成记录的添加、编辑和删除，还可以实现数据的查找和筛选等操作。数据表视图是 Access 中最常使用的视图形式。

【例 2-5】　在"学生成绩管理系统"数据库中建立"TeacherInfo"表，表的结构如表 2-2 所示。

表 2-2　"TeacherInfo"表结构

字段名称	类　　型	字段大小	说　　明
TeacherNo	文本	10	教师编号
TeacherName	文本	8	姓名
Sex	文本	1	性别
DepNo	文本	9	学院编号
Salary	货币		工资
WorkTime	日期/时间		参加工作日期
Title	文本	20	职称

操作步骤如下：

（1）打开"学生成绩管理系统"数据库，单击"创建"选项卡，再单击"表格"组中的"表"按钮 ，这时将创建名为"表 1"的新表，并以数据表视图方式打开。

（2）选中"ID"字段列，在"字段"选项卡的"属性"组中，单击"名称和标题"按钮 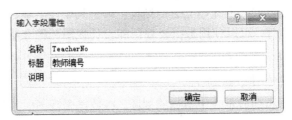，如图 2-10 所示。

图 2-10 "名称和标题"按钮

（3）弹出"输入字段属性"对话框，在"名称"文本框中输入"TeacherNo"，如图 2-11 所示，在"标题"文本框中输入"教师编号"，单击"确定"按钮。

图 2-11 "输入字段属性"对话框

（4）在"字段"选项卡的"格式"组中，在"数据类型"下拉列表中选择"文本"，在"属性"组的"字段大小"文本框中输入"字段大小"值为"10"，如图 2-12 所示。

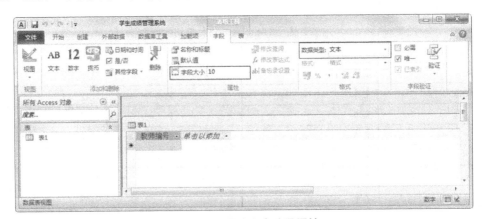

图 2-12 设置字段名称及属性

（5）单击"单击以添加"列，从弹出的下拉列表中选择"文本"，这时 Access 自动为新字段命名为"字段 1"，在"字段 1"中输入"TeacherName"，在"属性"组的"字段大小"文本框中输入"8",如图 2-13 所示。

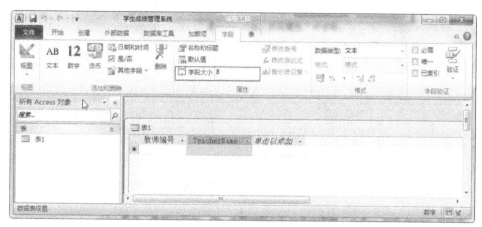

图 2-13 添加新字段

（6）按照"TeacherInfo"表的结构，参照上一步添加其他字段。结果如图 2-14 所示。

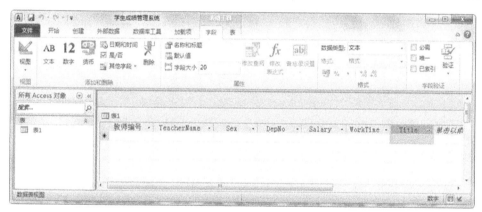

图 2-14 在数据表视图中建立表结构结果

（7）单击快速访问工具栏上的"保存"按钮，在弹出的"另存为"对话框的"表名称"文本框中输入"TeacherInfo"，单击"确定"按钮保存该表。

使用数据表视图建立表结构时无法设置更详细的属性设置。对于比较复杂的表结构，可以在创建完后使用设计视图修改表结构。

2. 在设计视图中创建表结构

一般情况下，使用设计视图建立表结构，可以详细说明每个字段名称和数据类型。

【例 2-6】 在"学生成绩管理系统"数据库中，使用设计视图建立"StudentInfo"表，表结构如表 2-3 所示。

表 2-3 "StudentInfo"表结构

字段名称	类　型	字段大小	说　明
StudentNo	文本	11	学号（主键）
StudentName	文本	10	姓名

（续表）

字段名称	类　　型	字段大小	说　　　明
ClassNo	文本	9	班级编号
Sex	文本	1	性别
Birthday	日期/时间		出生日期
Telephone	文本	13	电话
Photograph	OLE 对象		照片
Members	是/否		是否党员

操作步骤如下：

（1）在 Access 窗口中，单击"创建"选项卡下"表格"组中的"表设计"按钮 ，进入表设计视图，如图 2-15 所示。

图 2-15　表设计视图

表设计视图分为上下两部分。

上半部分是字段输入区，从左至右分别为"字段选择器"、"字段名称"、"数据类型"列和"说明"列。字段选择器用来选择某一字段，"字段名称"列用来说明字段的名称，"数据类型"列用来定义该字段的数据类型，如果需要可以在"说明"列中对字段进行必要的说明。在 Access 中这些说明信息对系统的各种操作没有任何影响，只是为设计者起到提示备忘作用。下半部分是字段属性区，用来设置字段的属性值。

（2）单击设计视图第 1 行"字段名称"列，并在其中输入"StudentNo"；单击"数据类型"列，并单击其右侧下拉按钮，从下拉列表中选择"文本"；在"说明"列输入说明信息"主键"，在"标题"属性文本框中输入"学号"。单击"设计"选项卡下"工具"组中的"主键"按钮，这时该字段左边的字段选择器上显示主键的图标 ，表明该字段是主键字段。

（3）使用同样的方法，按照表 2-3 所列字段名称和数据类型等信息定义表中的其他字段。

（4）保存并命名为"SdutentInfo"。

同样，也可以在表设计视图中对已建的"TeacherInfo"表结构进行修改。修改时只需单击要修改字段的相关内容，并根据需要输入或选择所需内容即可。表设计视图是创建表结构以及修改表结构最方便最有效的工具。

3. 定义主键

通常每个表都应有一个主键，只有定义了主键，表与表之间才能建立起联系，从而能够利用查询、窗体和报表查找与组合不同表的信息。

在 Access 中有两种类型的主键：单字段主键和多字段主键。

单字段主键是以某一个字段作为主键来唯一标识表中的记录。用户也可以将自动编号类型字段定义为主键，当以自动编号类型字段作为主键时，如果向表中增加一条新记录，主键字段值会自动加 1；但是在删除记录后，自动编号的主键值会出现空缺导致编号变成不连续，它不会自动调整。如果在保存新建表之前未设置主键，则 Access 会询问是否要创建主键，如果选择"是"，则 Access 将创建自动编号类型的主键。

多字段主键由两个或两个以上字段组合在一起来唯一标识表中的记录。设置多字段主键的方法是按住 Ctrl 键的同时鼠标单击相应的多个字段，再单击"主键"按钮即可。

如果表中有一个字段的值可以唯一标识一条记录，如"StudentInfo"表中的"StudentNo"字段，"TeacherInfo"表中的"TeacherNo"字段，则可以将该字段作为主键；如果没有，则可以考虑用多个字段作为主键。

2.2.3　设置字段属性

不同的数据类型具有不同的字段属性，字段属性说明了字段所具有的特性，可以定义数据的保存、处理和显示方式。如通过设置文本字段的"字段大小"属性可以控制最多输入的字符数，通过定义字段的"有效性规则"属性可限制该字段输入数据的规则，如果输入的数据违反了规则，将显示提示信息，提示合法的数据格式。

1. 字段大小

"字段大小"属性用于限制输入到该字段的最大长度，当输入的数据超过该字段设置的字段大小时，系统将拒绝接收。"字段大小"属性只适用于"文本"、"数字"和"自动编号"类型字段。

如果文本型字段的值是汉字，则每个汉字占一个占位符，如"Sex"字段的"字段大小"属性设为 1，表示只存放一个汉字。如果在数字字段中包含小数，那么将"字段大小"设为整数时会自动将数据取整。

2. 格式

"格式"属性只影响数据的显示格式。例如，可将"Birthday"字段的显示格式改为"×××年××月××日"。不同类型的字段格式不同，如表 2-4 所示。

表 2-4　各种数据类型可选择的格式

数据类型	格 式	说 明
日期/时间	一般日期	如果数值只是一个日期，则不显示时间；如果数值只是一个时间，则不显示日期
	长日期	格式：1999 年 8 月 12 日
	中日期	格式：99-08-12
	短日期	格式：99-8-12
数字/货币	一般数据	以输入方式显示数字
	货币	使用千位分隔符，负数用圆括号括起来
	整型	至少显示一位数字
	标准型	使用千位分隔符
	百分比	将数值乘以 100 并附加一个百分号（%）
	科学计数	使用标准的科学计数法
文本/备注	@	要求使用文本字符（字符或空格）
	&	不要求使用文本字符
	〈	将所有字符以小写格式显示
	〉	将所有字符以大写格式显示
	!	将所有字符由左向右填充
是/否	真/假	−1 为 True；0 为 False
	是/否	−1 为是；0 为否
	开/关	−1 为开；0 为关

　　"格式"属性只影响数据的显示格式，并不影响其在表中存储的内容，显示格式只有在输入的数据被保存之后才能应用。如果需要控制数据的输入格式并按输入时的格式显示，则应设置"输入掩码"属性。

　　3．输入掩码

　　在输入数据时，有些数据有相对固定的书写格式，如电话号码书写为"010-8830668"。其中"010-"为固定部分。如果手工重复输入这种固定格式的数据，就很麻烦，此时，可以定义一个输入掩码，将格式中不变的内容固定成格式的一部分。这样在输入数据时，只需输入变化的值即可。对于文本、数字、日期/时间、货币等类型的字段，都可以定义"输入掩码"属性。

　　【例 2-7】　将"StudentInfo"表中"Birthday"字段的输入掩码设为"长日期"。

　　操作步骤如下：

　　（1）用"设计视图"打开"StudentInfo"表，选择"Birthday"字段，在字段属性区的"输入掩码"文本框中单击，再单击右侧的生成器按钮 ⊡，弹出"输入掩码向导"第一个对话框，如图 2-16 所示。

　　（2）在该对话框的"输入掩码"列表中选择"长日期"选项，然后单击"下一步"按钮，弹出"输入掩码向导"第二个对话框，如图 2-17 所示。

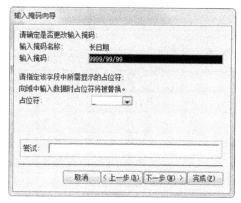

图 2-16　"输入掩码向导"第一个对话框　　　图 2-17　"输入掩码向导"第二个对话框

（3）在该对话框中，确定输入的掩码方式和占位符。单击"下一步"按钮，弹出"输入掩码向导"最后一个对话框，在该对话框中单击"完成"按钮，设置结果如图 2-18 所示。

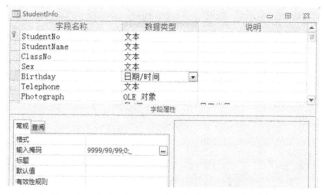

图 2-18　"Birthday"字段"输入掩码"属性设置结果

注意：如果为某字段定义了输入掩码，同时又设置了它的"格式"属性，"格式"属性将在数据显示时优先于输入掩码的设置。这意味着即使已经保存了掩码，在数据设置格式显示时将被忽略。

输入掩码只为"文本"型和"日期/时间"型字段提供向导，其他数据类型没有向导帮助。因此，对于数字或货币型字段，只能使用字符直接定义"输入掩码"属性。"输入掩码"属性所有字符及含义如表 2-5 所示。

表 2-5　"输入掩码"属性所有字符及含义

字　符	说　明
0	必须输入数字（0～9），不允许输入加号和减号
9	可以输入数字或空格，不允许输入加号和减号
#	可以输入数字或空格，允许输入加号和减号
L	必须输入字母（A～Z，a～z）或空格
?	可以输入字母（A～Z，a～z）或空格
A	必须输入字母或数字
a	可以输入字母或数字

（续表）

字　符	说　明
&	必须输入任意字符或一个空格
C	可以输入任意字符或一个空格
.,; - /	小数点占位符及千位、日期和时间表的分隔符
<	将输入的所有字符转换为小写格式
>	将输入的所有字符转换为大写格式
\	使接下来的字符以原义字符显示（如，\A 则显示为 A）
!	输入掩码从右至左显示，输入掩码中字符始终从左至右填入。可以在输入掩码的任何地方输入感叹号

直接使用字符输入掩码时，可以根据需要将字符组合起来。例如，某表中的年龄字段值只能为数字，且不会超过 2 位，则可将该字段的输入掩码定义为"00"。定义时，先打开该表的设计视图，然后在"年龄"字段的"输入掩码"属性文本框中输入"00"。

【例 2-8】　将"TeacherInfo"表中"Telephone"字段的输入掩码设为"010-********"的形式，其中"010-"部分自动输出，后 8 位为 0 到 9 的数字显示。

操作步骤如下：

（1）用"设计视图"打开"TeacherInfo"表。

（2）在"Telephone"字段的"输入掩码"属性文本框中输入" "010-"00000000"，设置结果如图 2-19 所示。

图 2-19　"Telephone"字段"输入掩码"属性设置结果

4. 标题

字段名称通常比较简短，为了使意义更加明确，可以用标题作为字段名称显示的文本。有标题时，表和查询字段列的显示文本就是标题，而不再是字段名称；如果没有设置标题属性，表和查询字段列的显示文本就是字段名称。

5. 默认值

在数据表中，经常会有一些字段的数据内容相同或包含相同的部分，为了减少输入数据的工作量，可以将出现较多的值作为该字段的默认值。

设置字段属性——默认值（视频）

【例 2-9】　将"StudentInfo"表中"Sex"字段的默认值设为"女"。

操作步骤如下：

（1）用"设计视图"打开"StudentInfo"表。

（2）在"Sex"字段的"默认值"属性文本框中输入""女""，设置结果如图 2-20 所示。

图 2-20　"Sex"字段的"默认值"属性设置结果

输入文本值时，若未加引号，则系统会自动加上，如果自行输入引号，则必须是西文的双引号。设置默认值后，添加新记录时系统将这个默认值显示在相应的字段中。

（3）单击"设计"选项卡中的"视图"按钮，切换到"数据表视图"，如图 2-21 所示。

图 2-21　设置默认值的显示结果

如果添加的新记录中 Sex 字段的值是"男"，则将"女"改为"男"即可。

默认值还可以是表达式，如要将某日期/时间型字段的默认值设为系统当前日期，则可以在该字段的"默认值"属性框中输入"=Date()"。注意：设置默认值时必须与字段的类型匹配，否则将出错。

6. 有效性规则

设置字段的有效性规则，是对表中字段值的约束条件。用户在向表中输入数据时，若输入的数据不符合字段的有效性规则，系统将显示提示信息，并强迫光标停在该字段所在的位置，直到数据符合字段有效性规则为止。例如，在"有效性规则"属性中输入">=0 And <=100"，则系统强制用户输入［0，100］之间的数据。

设置字段属性——有效性规则（视频）

【例 2-10】　设置"StudentInfo"表中"Sex"字段的有效性规则为：男或女，同时设置相应的有效文本为：请输入男或女。

操作步骤如下：

（1）用"设计视图"打开"StudentInfo"表。

（2）在"Sex"字段的"有效性规则"属性文本框中输入""男"Or "女""，"有效性文本"属性文本框中输入"请输入男或女",如图 2-22 所示。

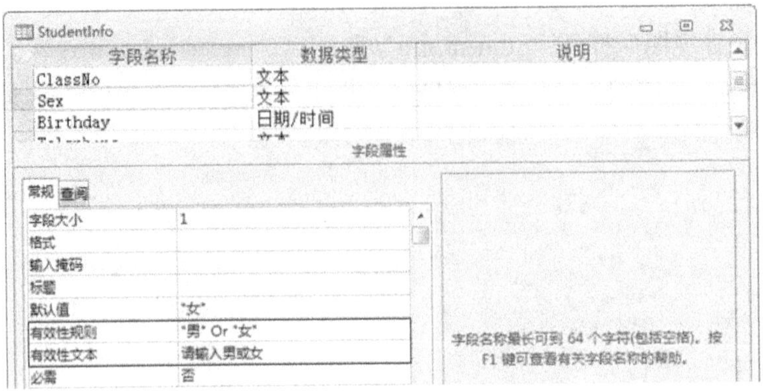

图 2-22 "Sex"字段的有效性规则

注意："男"和"女"两个汉字的双引号可以不要自行输入,让系统自动生成。"Or"左右要有空格。

有效性规则的实质是一个限制条件,通过条件对输入的数据进行核查,此例中当为"Sex"字段输入值时,如果输入的不是"男"或"女",系统将弹出一个"请输入男或女"的提示框,直到输入正确为止。

有效性规则的设置方法很简单,关键是用户必须掌握各种表达式的书写,下面介绍一些常用的表达式。

① <>0:不等于 0,即非 0。

② >=0:大于等于 0,即不小于 0。

③ 50 Or 100:50 或者 100 两者之一。

④ Between 50 And 500:介于 50 和 500 之间,即 " >=50 And <=500"。

⑤ <#01/01/2008#:2008 年之前的日期。

⑥ >=#01/01/2008# And <#01/01/2009#:2008 年的日期。

⑦ Like " [A-Z] *@ [A-Z] *.com "Or" [A-Z] *@ [A-Z] *.net Or " [A-Z] *@ [A-Z] *.edu.cn":输入的电子邮箱必须为有效的.com、.net 或.edu.cn 地址。

虽然有效性规则中表达式不使用特殊语法,但在创建表达式时,请记住以下规则:

① 表达式中的字段名称用方括号括起来,例如,[TotalMark] = [UsualScore] *0.3+ [TestScore] *0.7。

② 日期用"#"括起来,例如,<#01/01/2008#。

③ 字符串值用双引号括起来,例如:"李宁"Or"李强"。

④ 用逗号分隔项目,并将各项目放在圆括号内,例如,In("C 语言程序设计","高等数学")。

7. 索引

索引的作用就如同书的目录一样,通过它可以快速查找到所需要的章节,在数据库中,为了帮助用户快速进行数据的检索、显示、查询和打印,且不改变数据表中记录的物理顺序,可以建立表的索引。建立索引就是指定一个或多个字段,按字段的值将记录按升序或降序排列，然后按这些字段的值来检索。

索引按功能分，可以分为唯一索引、普通索引和主索引三种。其中，唯一索引的索引字段值不能相同，即不能有重复值。普通索引的索引字段值可以相同，即可以有重复值。在 Access 中，一个表可以创建多个唯一索引，其中一个可设置为主索引。一个表只能有一个主索引。主键字段会自动创建一个主索引。

【例 2-11】　在"学生成绩管理系统"数据库中，对"StudentInfo"表中的"Sex"字段建立索引。

操作步骤如下：

（1）用"设计视图"打开该表，选择"Sex"字段。

（2）从"索引"属性框的下拉列表中选择"有（有重复）"选项。

"索引"值有三个可选项，如表 2-6 所示。

表 2-6　索引属性选项说明

索引属性值	说　　明
无	所选字段不建立索引
有（有重复）	所选字段建立索引，字段中的内容可以重复
有（无重复）	所选字段建立索引，但字段中的内容不能重复，这种字段适合做主键

【例 2-12】　在"学生成绩管理系统"数据库中，对"StudentInfo"表中的"StudentName"和"Sex"两个字段建立索引，索引名为"SS"，"StudentName"字段为升序，"Sex"字段为降序。

操作步骤如下：

（1）用"设计视图"打开"StudentInfo"表。

（2）单击"设计"选项卡的"显示/隐藏"组中的"索引"按钮，弹出"索引"对话框，如图 2-23 所示，可以看到该表已经建立的索引，主键的索引名称系统自动取名为"PrimaryKey"。

（3）在第一个空行的"索引名称"列中输入"SS"，在"字段名称"下拉列表中选择"StudentName"，在"排列次序"下拉列表中选"升序"。在下一行的"字段名称"下拉列表中选择"Sex"字段，"排列次序"选"降序"。索引结果如图 2-24 所示。

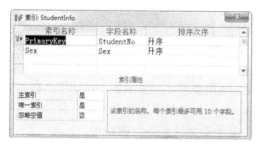

图 2-23　在"索引"对话框中建立索引

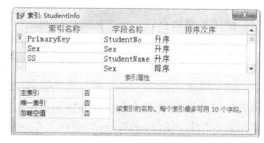

图 2-24　设置多字段索引

索引属性中的"主索引"选择"是"，则该字段将被设置为主键。"唯一索引"选择"是"，则该字段中的值是唯一的，"忽略空值"选择"是"，则该索引将排除值为空的记录。当"主索引"和"唯一索引"选项中都选择了"否"时,该索引是普通索引。

(4)单击快速访问工具栏中的"保存"按钮,关闭"索引"对话框。

索引创建好后,可以随时通过"索引"对话框来修改或删除索引字段。

2.2.4 建立表间关系

数据库中各个表之间并不是孤立的,它们彼此之间存在或多或少的联系,这就是表间关系。在创建关系时,关联字段不一定具有相同的名称,但必须有相同的数据类型。对于关联字段是"自动编号"或"数字"数据类型的字段,要求其"字段大小"属性也相同,如都是"长整型",才可以将这两个字段相关联。另外,即使两个关联的字段都是"数字"型,它们也必须具有相同的"字段大小"属性。

1. 表间关系的类型

一般情况下,在表中的相应字段之间可以建立三种类型的关系:一对一、一对多和多对多。通常,一对一关系的两个表可以合并为一个表,这样既不会出现数据冗余,也便于数据查询;多对多关系的表可拆成多个一对多关系的表。

在 Access 中,将一对多关系中与"一"方对应的表称为主表或父表,与"多"方对应的表称为子表或相关表。

2. 参照完整性

参照完整性是在输入或删除记录时,为维持表之间已定义的关系而必须遵循的规则。如果表之间设置了参照完整性,那么就不能在主表中没有相关记录时,将记录添加到子表中;也不能在子表中存在匹配记录时,删除主表中的记录;更不能在子表中有相关记录时,更改主表中的主键值。也就是说,实施参照完整性后,对表中主键字段进行操作时,系统会自动检查主键字段,确定该字段是否被添加、修改和删除。如果对主键的修改违背了参照完整性要求,那么系统会强制执行参照完整性。

3. 建立关系

在创建关系前应关闭相应的表。

【例 2-13】 在"学生成绩管理系统"数据库中,建立"StudentInfo"表、"StudentScore"表和"CourseInfo"表三个表之间的关系。

操作步骤如下:

(1)单击"数据库工具"选项卡下的"关系"按钮,打开"关系"窗口。用户可以在"关系"窗口中创建、查看、删除表关系。

(2)单击"设计"选项卡下的"显示表"按钮,系统将弹出"显示表"对话框。在"显示表"对话框中双击"StudentInfo"表,则将"StudentInfo"表添加到"关系"窗口中,用同样的方法将"StudentScore"表和"CourseInfo"表添加到"关系"窗口中。

(3)单击"关闭"按钮,关闭"显示表"对话框。

(4)选定"StudentInfo"表中的"StudentNo"字段,然后按下鼠标左键并拖动至"StudentScore"表中的"StudentNo"字段上,松开鼠标,此时弹出如图 2-25 所示的"编辑关系"对话框。

在该对话框中列出了两个相关表的关联字段名称；下方有 3 个复选框，如果选择了"实施参照完整性"复选框，然后选择"级联更新相关字段"复选框，可以在更改主表的主键值时，自动更新子表中关联的字段值；如果选择了"实施参照完整性"复选框，然后选择"级联删除相关字段"复选框，可以在删除主表中的记录时，自动删除子表中的相关记录；如果只选择了"实施参照完整性"复选框，则子表中的相关记录发生变化时，主表中主键不会相应改变，且当删除子表中任何记录时，也不会更改主表中的记录。

图 2-25 "编辑关系"对话框

（5）选中"实施参照完整性"复选框，然后单击"创建"按钮。

（6）使用相同的方法建立"StudentScore"表和"CourseInfo"表之间的关系。关系建好后结果图如图 2-26 所示。

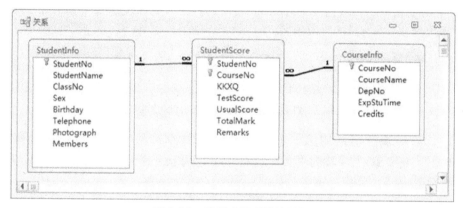

图 2-26 关系建好后的结果图

建立关系之后，可以看到在两个表的相同字段之间出现了一条关系线，在"一"方显示"1"，在"多"方显示"∞"。如果在创建关系时没有勾选"实施参照完整性"，则关系线两端不会出现这两个符号。

注意：最好在输入数据前先建立表间关系，这样可以避免由于已有数据违反参照完整性原则，而无法正常建立关系的情况发生。

4. 编辑关系

在创建了关系之后，还可以编辑关系，也可以删除不再需要的关系。编辑关系的操作步骤如下：

（1）关闭所有打开的表，打开"关系"窗口，单击两个表之间的关系线，然后单击"设计"选项卡下的"编辑关系"按钮，打开"编辑关系"对话框，在对话框中重新进行选择。

（2）如果要删除两个表间的关系，那么单击要删除的关系连线，然后按 Delete 键，在弹出的对话框中选择"是"即可删除。

（3）如果要清除"关系"窗口中的所有内容，那么在"设计"选项卡的"工具"组中，单击"清除布局"按钮。

2.2.5 向表中输入数据

创建新表之后，就可以在数据表视图中输入数据，也可以导入外部已经存在的数据。

1. 在"数据表视图"中输入数据

在"数据表视图"中输入数据时，对于不同类型的字段，其输入数据的方法有所不同。通过下面的例题介绍几种主要的数据类型的输入方法。

【例 2-14】 将表 2-7 中的数据输入到"StudentInfo"表中。

表 2-7 表内容

StudentNo	StudentName	ClassNo	Sex	Birthday	Telephone	Photograph	Members
17415100242	张强	174151002	男	2000-05-23	13507222200	Zp1.bmp	是
17415100242	李芳	174151002	女	2001-01-12	13873332222	Zp2.bmp	否

操作步骤如下：

（1）在导航窗格中，双击"StudentInfo"表，打开"数据表视图"，如图 2-27 所示。

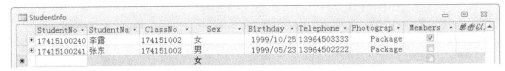

图 2-27 以数据表视图打开"StudentInfo"表

（2）在第一条空记录的第一个字段开始分别输入"17415100242"、"张强"和"174151002"，将"Sex"字段的"女"改为"男"，每输入完一个值按 Enter 键或 Tab 键转至下一个字段。

（3）输入"Birthday"字段值时，先将光标定位到该字段，这时在字段的右侧将出现一个日期选择器图标 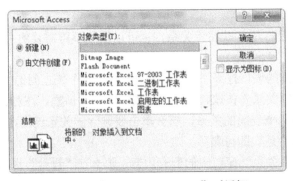，单击该图标打开"日历"对话框。如果输入今日日期，直接单击"今日"按钮，如果输入其他日期，则可以在"日历"对话框中进行选择，也可以手动输入，如直接输入"2000-05-23"。

（4）"Telephone"字段为文本型字段，可以直接手动输入。

（5）输入"Photograph"字段值时，在该列上右击鼠标，在弹出的快捷菜单中选择"插入对象"命令，弹出"Microsoft Access"对话框，如图 2-28 所示。

图 2-28 "Microsoft Access"对话框

（6）选中"由文件创建"单选按钮，此时在对话框中出现"浏览"按钮，单击"浏览"按钮，弹出"浏览"对话框。在该对话框中找到相应的照片文件，单击"确定"按钮，返回到"Microsoft Access"对话框，单击"确定"按钮，回到"数据表视图"。

（7）"Members"字段为是/否型字段，在提供的复选框内单击鼠标左键会显示一个"√"，表示"是"，如果没有"√"则表示"否"。

（8）输入完一条记录后，按 Enter 键或 Tab 键转至下一行，接着输入下一条记录。

可以看到，在准备输入一条记录时，该记录选择器上显示星号 ✳，表示这条记录是一条新记录；当开始输入数据时，星号变成铅笔符号 ✐，表示正在输入或编辑记录，同时在下一行会自动添加一条新的空记录，且空记录的记录选择器上显示星号 ✳。

（9）输入完全部记录后，单击"保存"按钮，保存数据。

2. 使用查阅列表输入数据

一般情况下，表中大部分字段值都是直接输入的，如果某字段值是一组固定数据，例如"TeacherInfo"表中的"Title"字段值为"助教"、"讲师"、"副教授"和"教授"等，如果通过手工直接输入显然比较麻烦，此时可将这组固定值设置为一个列表，从列表中选择，既可以提高输入效率，也能够避免输入错误。

【例 2-15】　使用向导为"TeacherInfo"表中的"Title"字段创建查阅列表，列表中显示"助教"、"讲师"、"副教授"和"教授"4 个值。

操作步骤如下：

（1）用"设计视图"打开"TeacherInfo"表，选择"Title"字段。

（2）在"数据类型"列中选择"查阅向导"，弹出"查阅向导"第一个对话框。在该对话框中，单击"自行键入所需的值"单选按钮，然后单击"下一步"按钮，弹出"查阅向导"第二个对话框。

（3）在第 1 列的每行中依次输入"助教"、"讲师"、"副教授"和"教授"4 个值，列表设置结果如图 2-29 所示。

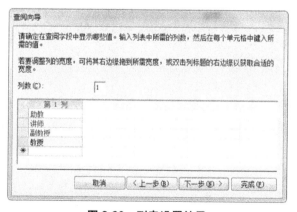

图 2-29　列表设置结果

（4）单击"下一步"按钮，弹出"查阅向导"最后一个对话框。在该对话框的"请为查阅列表指定标签"文本框中输入名称，本例使用默认值"Title"，单击"完成"按钮。

设置完成"Title"字段的查阅列表后，切换到数据表视图，可以看到"Title"字段值的右侧出现了下拉按钮，单击该按钮，弹出一个下拉列表，列表中列出了"助教"、"讲师"、"副教授"和"教授"4 个值，如图 2-30 所示。

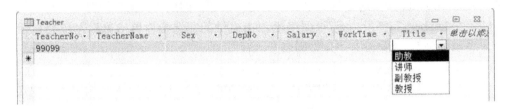

图 2-30　查阅列表字段设置效果

【例 2-16】　用"查阅"选项卡，为"StudentInfo"表中"Sex"字段设置查阅列表，列表中显示"男"和"女"。

操作步骤如下：

（1）用"设计视图"打开"StudentInfo"表，选择"Sex"字段。

（2）在"设计视图"下方，单击"查阅"选项卡。

（3）单击"显示控件"行右侧的下拉按钮，从弹出的下拉列表中选择"列表框"选项；在"行来源类型"行的下拉列表中选择"值列表"选项；在"行来源"文本框中输入" "男"; "女""，设置结果如图 2-31 所示。

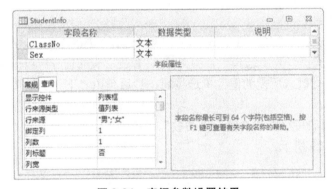

图 2-31　查阅参数设置结果

注意："行来源类型"属性必须为"值列表"或"表/查询"，"行来源"属性必须包含值列表或查询。

切换到"数据表视图"，单击空记录行的"Sex"字段，其右侧出现下拉按钮。单击该按钮，弹出一个下拉列表，列表中列出了"男"和"女"这两个值，如图 2-32 所示。

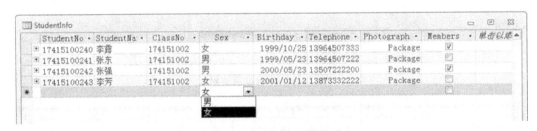

图 2-32　查阅列表设置结果

3. 使用"计算"型字段存储数据

Access 早期版本无法将计算的数据保存在数据表中。Access 2010 提供了"计算"数据类型，可以将计算结果保存在该类型的字段中。

【例 2-17】 　在"学生成绩管理系统"数据库中已有学生成绩表"StudentScore"，表中包括"TestScore"（考试成绩）和"UsualScore"（平时成绩）等字段，在表中增加一个字段"TotalMark"（期评成绩），其数据类型为"计算"型，TotalMark 字段的计算方法是：如果 TestScore 小于 50，则 TotalMark 不参加评定，即为 TestScore 的值，如果 TestScore 大于等于 50，则其计算公式为：TotalMark= ［TestScore］*0.7+ ［UsualScore］*0.3。

操作步骤如下：

（1）用"设计视图"打开"StudentScore"表，在第一个空行的"字段名称"列，输入"TotalMark"，在"数据类型"下拉列表中选择"计算"。

（2）打开"表达式生成器"对话框，输入语句"Iif（［TestScore］>=50，［TestScore］*0.7+ ［UsualScore］*0.3，［TestScore］)"，结果如图 2-33 所示。

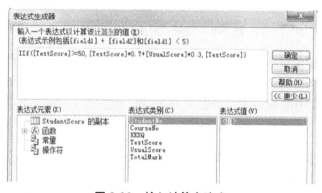

图 2-33　输入计算表达式

（3）单击"确定"按钮返回"设计视图"，在"结果类型"属性行中选择"小数"，结果如图 2-34 所示。

图 2-34　"表达式"属性设置效果

如果要修改该表达式，则单击表达式所在的文本框，再单击文本框右侧的"表达式生成器"按钮 ，在打开的"表达式生成器"对话框中修改即可。

（4）切换到"数据表视图"，查看设置结果。

4. 使用"附件"型字段存储数据

使用"附件"型数据类型，可以在一个字段中存储多个文件，且这些文件的数据类型可以不同。

【例 2-18】 在“TeacherInfo”表中增加一个“个人信息”字段，数据类型为“附件”，在第一条记录的“个人信息”字段中添加照片文件和个人信息文件。

操作步骤如下：

（1）用“设计视图”打开“TeacherInfo”表，添加“个人信息”字段，将数据类型设置为“附件”，在“标题”属性中也输入“个人信息”。

（2）切换到“数据表视图”，如图 2-35 所示。

教师编号	TeacherNa	Sex	DepN	Telephone	Salary	WorkTime	Title	个人信息
01019	沈阳春	女	01	13017107500	￥3,160.00	2002年07月	讲师	(0)
01020	金百得	女	01	010-12345678	￥3,260.00	2000年07月	副教授	(0)
01046	何国涛	男	01		￥3,360.00	1998年07月	讲师	(0)
01047	邓涛	男	01	13973366307	￥3,460.00	1996年07月	副教授	(0)
01048	张远霞	女	01		￥3,510.00	1995年07月	副教授	(0)
01049	王锦宜	男	01		￥3,660.00	1992年07月	副教授	(0)
01050	彭晓斌	男	01		￥3,760.00	1990年07月	副教授	(0)
01074	刘隽	女	01		￥3,860.00	1988年07月	副教授	(0)
01088	肖婷	女	01		￥3,960.00	1986年07月	副教授	(0)

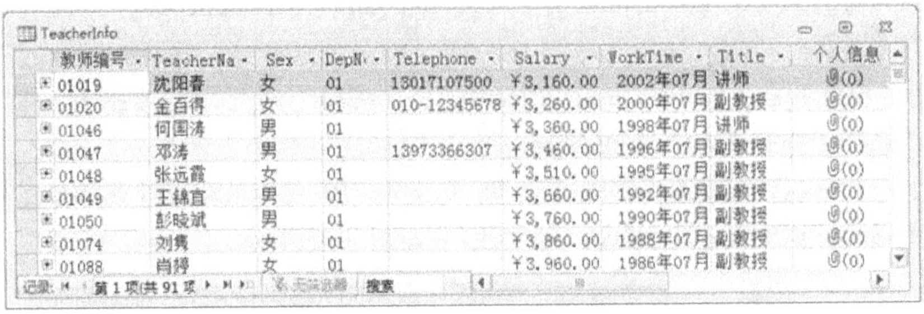

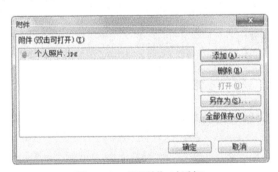

图 2-35　显示“附件”字段内容

（3）双击第一条记录的“个人信息”单元格，弹出“附件”对话框。在该对话框中单击“添加”按钮，弹出“选择文件”对话框。在这个对话框中找到所需要的文件，单击“打开”按钮，回到“附件”对话框，如图 2-36 所示，添加的文件名显示在对话框中。

图 2-36　“附件”对话框

（4）用相同的方法将“个人信息.docx”添加到“附件”对话框中，单击“确定”按钮返回到“数据表视图”，可以看到“个人信息”字段单元格显示为 (2)，如图 2-37 所示。

TeacherNa	Sex	DepN	Telephone	Salary	WorkTime	Title	个人信息
沈阳春	女	01	13017107500	￥3,160.00	2002年07月	讲师	(2)
金百得	女	01	010-12345678	￥3,260.00	2000年07月	副教授	(0)
何国涛	男	01		￥3,360.00	1998年07月	讲师	(0)
邓涛	男	01	13973366307	￥3,460.00	1996年07月	副教授	(0)
张远霞	女	01		￥3,510.00	1995年07月	副教授	(0)
王锦宜	男	01		￥3,660.00	1992年07月	副教授	(0)
彭晓斌	男	01		￥3,760.00	1990年07月	副教授	(0)
刘隽	女	01		￥3,860.00	1988年07月	副教授	(0)
肖婷	女	01		￥3,960.00	1986年07月	副教授	(0)

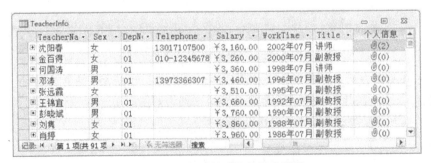

图 2-37　添加附件后的数据表视图

需要说明的是，附件中包含的信息不在"数据表视图"中显示，在窗体视图中才能显示出来。对于文档、电子表格等类型信息只能显示图标。

删除和修改附件操作步骤如下：

（1）打开"附件"对话框。

（2）选择附件，单击"删除"按钮，可删除附件；单击"打开"按钮，可修改附件。

（3）单击"确定"按钮，完成对附件的编辑或删除。

5. 获取外部数据

如果需要将其他文件中的数据输入当前数据库的表中，当数据量很大时，可以通过导入现有的外部文件数据完成这项任务。

从外部导入数据是指从外部获取数据后形成数据库中的数据表对象，并与外部数据断绝连接。这意味着当导入操作完成后，即使外部数据源的数据发生变化，也不会影响已经导入的数据。

导入操作主要利用"外部数据"选项卡中的"导入"组来完成。下面以 Excel 工作表的数据导入数据库为例来详细介绍导入的操作过程。

【例 2-19】 首先建立"院领导.xlsx"文件，再将其导入到"学生成绩管理系统"数据库中。

操作步骤如下：

（1）打开 Excel，创建"院领导.xlsx"文件，同时将工作表"Sheet1"改名为"院领导"，如图 2-38 所示。

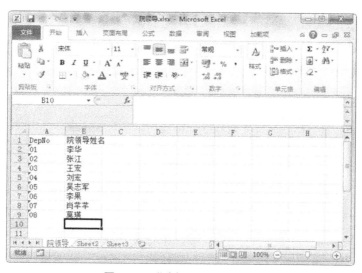

图 2-38 "院领导.xlsx"文件

（2）关闭 Excel 文件，打开"学生成绩管理系统"数据库。单击"外部数据"选项卡的"导入"组中的"Excel"按钮，弹出如图 2-39 所示的"获取外部数据-Excel 电子表格"对话框。

（3）在对话框中单击"浏览"按钮，弹出"打开"对话框，找到并选中要导入的"院领导.xlsx"文件，然后单击"打开"按钮，返回到"获取外部数据-Excel 电子表格"对话框。

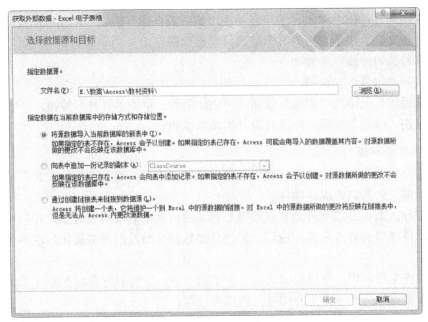

图 2-39   "获取外部数据-Excel 电子表格"对话框

（4）单击"确定"按钮，弹出"导入数据向导"第一个对话框，如图 2-40 所示。

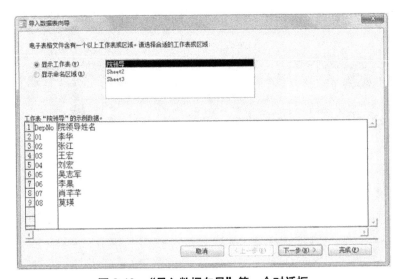

图 2-40   "导入数据向导"第一个对话框

（5）在该对话框中选择"显示工作表"，并选中"院领导"，单击"下一步"按钮，弹出"导入数据向导"第二个对话框，如图 2-41 所示。

（6）选中"第一行包含列标题"，单击"下一步"按钮，弹出"导入数据向导"第三个对话框，在该对话框中选择作为索引的"字段名称"为"DepNo"，其"数据类型"为"文本"，"索引"项选择"有（无重复）"，如图 2-42 所示。

（7）单击"下一步"按钮，弹出"导入数据向导"第四个对话框，选择"我自己选择主键"，Access 会自动选择"DepNo"字段作为主键，如图 2-43 所示。

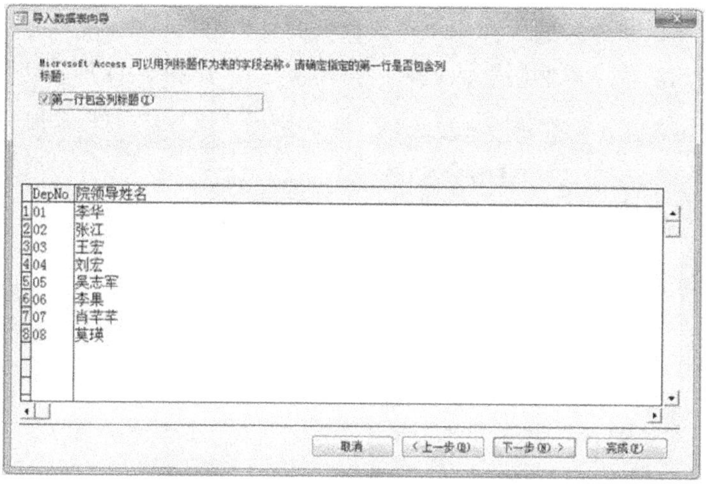

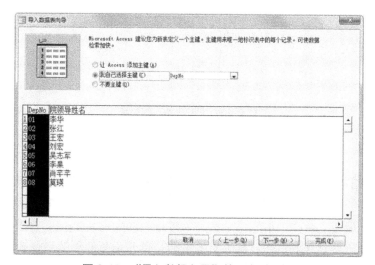

图 2-41 "导入数据向导"第二个对话框

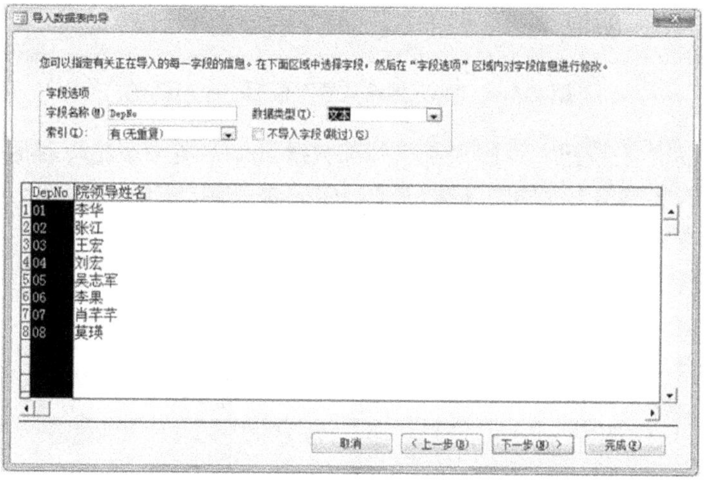

图 2-42 "导入数据向导"第三个对话框

图 2-43 "导入数据向导"第四个对话框

（8）单击"下一步"按钮，弹出"导入数据向导"最后一个对话框，在"导入到表"文本框中输入表的名称，本例用默认的名称"院领导"，如图2-44所示。

图2-44　"导入数据向导"最后一个对话框

（9）单击"完成"按钮，返回"获取外部数据-Excel 电子表格"对话框，要求用户确定是否"保存导入步骤"，用户可以根据需要决定是否保存。本例不保存导入步骤，单击"关闭"按钮，完成数据导入操作。

在数据库的导航窗口中新增了"院领导"数据表，其内容如图2-45所示。

图2-45　"院领导"数据表

导入数据是在向导的引导下逐步完成的，当导入不同类型的数据源时，Access 将启动与之对应的导入向导。

在图2-39所示的对话框中，选项"向表中追加一份记录的副本"表示将外部数据追加到一个已经存在的表里，追加完成后不再与外部数据存在联系。选项"通过创建链接表来链接到数据源"是在数据库中形成一个链接表对象，每次在 Access 数据库中操作数据时，都是即时从外部数据源获取数据，意味着链接的数据并未与外部数据源断绝联系，而将随着外部数据源数据的变动而变动。

2.3 表 的 编 辑

在使用表的过程中，往往会发现表的结构或内容不太合理，这时就需要对表进行维护。

2.3.1 修改表的结构

修改表的结构包括增加字段、修改字段、删除字段、重新定义主键。

修改表结构
（视频）

1. 增加字段

在表中增加新字段不会影响其他字段和现有数据，可以使用两种方法添加字段。

（1）在"设计视图"中添加。用"设计视图"打开需要增加字段的表，将光标移至要插入新字段的位置，单击"设计"选项卡下"工具"组中的"插入行"按钮，输入新字段名称，然后设置该字段的属性。

（2）在"数据表视图"中添加。用"数据表视图"打开需要增加字段的表，在需要插入新字段的位置右击，在弹出的快捷菜单中选择"插入字段"命令。

2. 修改字段

修改字段包括修改字段的名称、数据类型、说明和属性等，也可以用两种方法修改。

（1）在"设计视图"中修改。用"设计视图"打开需要修改字段的表，如果修改字段名称，则在该字段的"字段名称"列中单击鼠标左键，然后进行修改。如果要修改字段的数据类型，则单击该字段"数据类型"列右侧的下拉按钮，从弹出的下拉列表中选择需要的数据类型。如果要对该字段添加说明文字，则在"说明"列中直接输入。

（2）在"数据表视图"中修改。用"数据表视图"打开需要修改字段的表，单击"字段"选项卡，然后进行修改。

3. 删除字段

同样，删除字段也有两种方法，分别在"设计视图"和"数据表视图"中进行，这里不再阐述，请读者自行操作。

4. 重新定义主键

在 Access 中，通常每个表都有一个主键。只有定义了主键，表与表之间才能建立联系，才能利用查询、窗体和报表查找与组合不同表的信息。

如果已定义的主键不合适，可以重新定义，操作步骤如下：

（1）用"设计视图"打开需要重新设置主键的表，单击已定义的主键字段名，再单击"设计"选项卡的"主键"按钮，发现字段选择器上的主键标记消失。

（2）选中要设为主键的字段行，然后单击"主键"按钮，这时主键所在的字段选择器上显示主键的图标，表明该字段已是主键字段。

2.3.2 编辑表的内容

编辑表中的内容是为了确保表中数据的准确，使所建的表能够满足实际需要。编辑表内容的操作主要包括定位记录、添加记录、删除记录、查找数据、替换数据。

1. 定位记录

数据表中有了数据以后，修改是经常要做的操作，其中定位和选择记录是首要工作。常用的定位记录方法有 3 种：使用"记录导航"条定位、使用快捷键定位和"转至"按钮定位。

例如，将指针定位到"TeacherInfo"表中的第 20 条记录上。具体操作如下：

（1）用"数据表视图"打开"TeacherInfo"表。

（2）在记录导航条"当前记录"框中输入记录号 20，按 Enter 键，这时光标将定位在该记录上。

可以通过快捷键快速定位记录或字段。快捷键及其定位功能如表 2-8 所示。

表 2-8　快捷键及其定位功能

快 捷 键	定 位 功 能
Tab　　　　Enter　　　右箭头	下一字段
Shift+Tab 左箭头	上一字段
Home	当前记录的第一个字段
End	当前记录的最后一个字段
Ctrl+上箭头	第一条记录的当前字段
Ctrl+下箭头	最后一条记录的当前字段
Ctrl+ Home	第一条记录的第一个字段
Ctrl+End	最后一条记录的最后一个字段
上箭头	上一条记录的当前字段
下箭头	下一条记录的当前字段
PgDn	上移一屏
PgUp	下移一屏
Ctrl+PgDn	左移一屏
Ctrl+PgUp	右移一屏

2. 添加记录

用"数据表视图"打开需要添加记录的表，将光标移至表的第一个空行（带 ✳ 标记），直接输入要添加的数据。

3. 删除记录

用"数据表视图"打开需要删除记录的表，单击要删除记录的记录选择器，再右击，在弹出的快捷菜单中选择"删除记录"命令；或单击"开始"选项卡，在"记录"组中单击"删除"按钮，在弹出的"删除记录"提示框中，单击"是"按钮。

注意：记录被删除后不能恢复，删除记录需谨慎。

修改数据和复制数据的操作比较简单，在此不再阐述。

4．查找数据

一个数据表中通常有多条记录，若要快速地查找信息，可以通过数据查找来实现。

【**例 2-20**】　在"StudentInfo"表中查找姓名为"李玉"的学生记录。

操作步骤如下：

（1）用"数据表视图"打开"StudentInfo"表，单击"StudentName"字段名称，选定该列。

（2）单击"开始"组中的"查找"按钮，打开"查找和替换"对话框。在"查找内容"框中输入"李玉"，其他选项设置如图 2-46 所示。

图 2-46　"查找和替换"对话框

（3）继续单击"查找下一个"按钮，可以将所有姓名为"李玉"同学查找出来。

（4）单击"取消"按钮或"关闭"按钮，结束查找。

在查找时，如果确定要查找的内容是哪个字段的值，则先选定该字段再来查找，且在"查找范围"下拉列表中选择"当前字段"而不是选择"当前文档"，这样可以节省查找的时间。

在"匹配"下拉列表中有"字段任何部分"、"整个字段"和"字段开头"三个选项，可以根据查找目的来选择相应的选项。

在查找数据时，也可以结合通配符进行查找，通配符的用法见第 3 章。

5．替换数据

在操作数据表时，如果要修改多处相同的数据，可以使用替换功能，Access 自动将查找到的数据替换为新数据。

【**例 2-21**】　将"StudentInfo"表中姓名里的"玉"替换为"华"字。

操作步骤如下：

（1）用"数据表视图"打开"StudentInfo"表，单击"StudentName"字段名称，选定该列。

（2）打开"查找和替换"对话框，单击"替换"选项卡，进行如图 2-47 所示的设置。

图 2-47　"查找和替换"对话框（替换）

（3）如果一次只替换一个，则单击"查找下一个"按钮，找到后再单击"替换"按钮。如果不替换当前找到的内容，则继续单击"查找下一个"按钮。如果要一次替换出现的全部指定内容，则单击"全部替换"按钮，此时出现一个提示框，提示替换后将不能恢复，单击"是"按钮进行全部替换操作。

2.4 使 用 表

数据表建好后，可以根据需要排序或筛选表中的数据。本节将介绍记录排序、数据筛选、记录汇总和数据导出等操作。

2.4.1 记录排序

在浏览表中的数据时，记录的显示顺序通常是记录输入的先后顺序，或者是按主键升序显示，但在实际应用时，要求记录根据需要来排列，这就需要对表中的数据重新进行组织。

在 Access 中用户可以对文本型、数字型或日期型数据进行排序。对数据进行排序主要有两种方法：一种是利用工具栏做简单排序，另一种是利用窗口进行高级排序。

简单排序就是在"数据表视图"中对某一个字段进行升序或降序排列，以下三种方法都可以实现。

（1）选择需要排序的列，单击"开始"选项卡下"排序和筛选"组中的"升序"或"降序"按钮，即可对该列的数据进行升序或降序排序。

（2）在字段名上右击，在弹出的快捷菜单中选择"升序"或"降序"。

（3）单击字段名右侧下拉按钮，从下拉菜单中选择"升序"或"降序"。

如果要取消排序，则单击"开始"选项卡下的"取消排序"按钮，记录的显示顺序又恢复为最开始的状态。

高级排序可以将多列数据按指定的优先级进行排序，当有相同的数据出现时，再按第二个准则排序，以此类推。

【例 2-22】 对"StudentScore"表中的"TestScore"字段进行降序排序，当有相同值时，再用"UsualScore"字段进行降序排序。

操作步骤如下：

（1）用"数据表视图"打开"StudentScore"表。

（2）单击"排序和筛选"组中的"高级"按钮，在弹出的菜单中选择"高级筛选/排序"命令，系统将进入"排序筛选"窗口，该窗口分为上、下两部分，上半部分显示了被打开表的字段列表，下半部分是设计网格区。

（3）在设计网格区第一列的"字段"行中选择"TestScore"，"排序"选择"降序"。

（4）在设计网格区第二列的"字段"行中选择"UsualScore"，"排序"选择"降序"。设置好的界面如图 2-48 所示。

（5）单击"排序和筛选"组中的"切换筛选"按钮，这时表中记录按照上述操作来显示，如图 2-49 所示。

图 2-48 "排序筛选"窗口

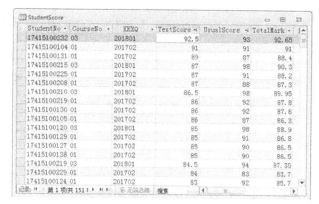

图 2-49 高级排序结果

2.4.2 数据筛选

通常，用户并不对数据表中的所有数据感兴趣，而是要在数据表中查找少数几个有用的记录，如果在成千上万条甚至更多条记录的数据表中一个一个地手工查找，那将是十分麻烦的事。在 Access 中，可以利用数据的筛选功能找到用户所需要的记录。建立筛选的方法有 4 种，分别是按选定内容筛选、使用筛选器筛选、按窗体筛选和高级筛选。筛选后，表中只显示满足条件的记录，不满足条件的记录将被隐藏。

【例 2-23】 筛选出"TeacherInfo"表中职称为"教授"的记录。

操作步骤如下：

（1）用"数据表视图"打开"TeacherInfo"表。

（2）单击"Title"字段名右侧的下拉按钮，从下拉列表中选择"文本筛选器"，如图 2-50 所示。

（3）在二级菜单中选择"等于"命令，弹出"自定义筛选"对话框，如图 2-51 所示。在文本框中输入"教授"，单击"确定"按钮，则 Access 将按照"Title='教授'"的条件进行筛选，运行筛选后的数据表视图如图 2-52 所示。

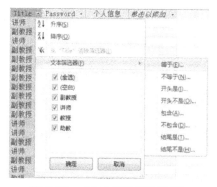

图 2-50 "文本筛选器"选项

图 2-51 "自定义筛选"对话框

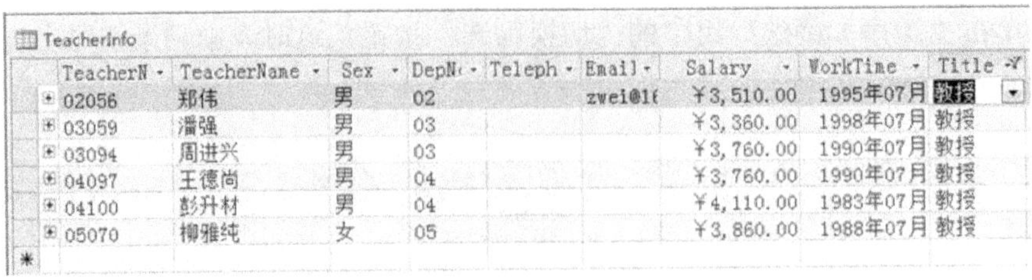
TeacherInfo

TeacherN	TeacherName	Sex	DepN	Teleph	Email	Salary	WorkTime	Title
02056	郑伟	男	02		zwei@1	￥3,510.00	1995年07月	教授
03059	潘强	男	03			￥3,360.00	1998年07月	教授
03094	周进兴	男	03			￥3,760.00	1990年07月	教授
04097	王德尚	男	04			￥3,760.00	1990年07月	教授
04100	彭升材	男	04			￥4,110.00	1983年07月	教授
05070	柳雅纯	女	05			￥3,860.00	1988年07月	教授

图 2-52　筛选结果

单击“切换筛选”按钮可以让数据在“取消筛选”和“应用筛选”两种状态轮流显示。

还可以通过字段下拉菜单、窗体和利用查询设计器建立高级筛选等，其操作方法在这里就不介绍了，请读者自行操作。

筛选器中显示的筛选项取决于所选字段的数据类型和字段值。

2.4.3　记录汇总

借助“汇总”行，可以对数据进行简单的数学函数运算，如合计、计数、最大值、最小值、平均值等。

【例 2-24】　统计“TeacherInfo”表中所有教师的平均工资。

操作步骤如下：

（1）用“数据表视图”打开“TeacherInfo”表。

（2）单击“开始”选项卡下“记录”组中的“合计”按钮 Σ 合计，数据表底部显示“汇总”行。

（3）在“汇总”行，“Salary”列交叉的单元格中单击鼠标，再单击左侧的下拉按钮，在下拉列表中选择“平均值”。

不同数据类型的字段，下拉列表的内容也不同。

2.4.4　数据导出

数据导出就是将Access中的数据转换成其他格式的数据，以方便其他应用程序的调用。它是对现有的数据进行一个备份，这个备份是以其他的数据形式存储的，因此和现有的Access 数据没有直接关系。

数据导出操作主要体现在两个方面：一是将Access表中的数据转换成其他的文件格式；二是将当前表数据导出到其他的 Access 数据库。下面以实例的形式来介绍数据导出。

1. 将 Access 表中的数据转为其他文件格式

Access 表中的数据可以转换成其他的文件格式，如文本文件（.txt）、Excel 文档（.xlsx）、dBase（.dbf）、HTML 文件（.html）、RTF 文件等。

【例 2-25】　将“学生成绩管理系统”中的“StudentInfo”表导出到“Student.xlsx”中。

操作步骤如下：

（1）打开“学生成绩管理系统”数据库，在导航窗格中选中“StudentInfo”表。

（2）单击“外部数据”选项卡下“导出”组中的“Excel”按钮，弹出如图 2-53 所示的

"导出-Excel 电子表格"对话框。

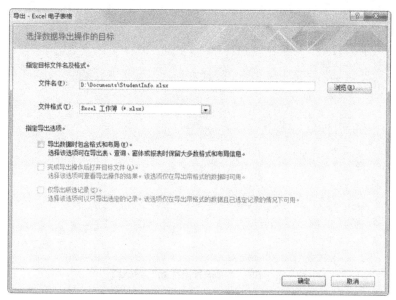

图 2-53　"导出-Excel 电子表格"对话框

（3）在该对话框中单击"浏览"按钮，弹出"保存文件"对话框。在该对话框中设置目标 Excel 文件的保存路径，在"保存类型（T）"中选择导出格式，在"文件名（N）"文本框中输入想要更改的文件名，如图 2-54 所示。

图 2-54　"保存文件"对话框

（4）单击"保存"按钮，返回"导出-Excel 电子表格"对话框，再单击该对话框中的"确定"按钮，弹出如图 2-55 所示的"提示导出成功"对话框。

（5）单击"关闭"按钮，数据表导出操作完成。这时，我们可以打开所导出的 Excel 表格查看其内容。

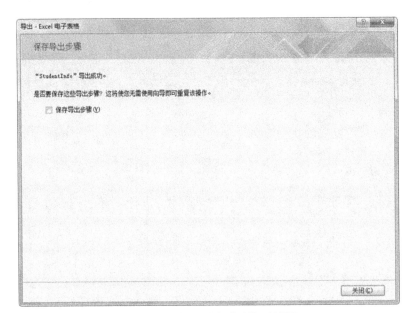

图 2-55 "提示导出成功"对话框

2. 将当前表数据导出到其他的 Access 数据库

【例 2-26】 将"学生成绩管理系统"中的"StudentInfo"表导出到新建的数据库"DB1"中。

操作步骤如下：

（1）启动 Access 2010，新建一个空白数据库"DB1"。

（2）打开"学生成绩管理系统"数据库，选中"StudentInfo"表。

（3）单击"外部数据"选项卡下"导出"组中的"Access"命令，弹出如图 2-56 所示的"导出-Access 数据库"对话框。

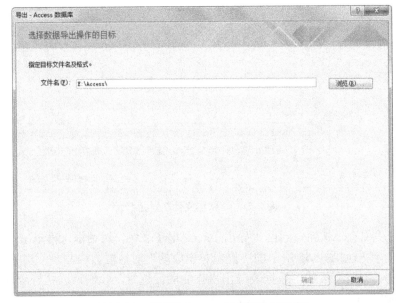

图 2-56 "导出-Access 数据库"对话框

（4）单击"浏览"按钮，弹出"保存文件"对话框。在该对话框中设置目标数据库存放的路径，即 DB1 数据库文件的所在位置，如图 2-57 所示。

图 2-57　"保存文件"对话框

（5）单击"保存"按钮，返回"导出-Access 数据库"对话框，再单击此对话框中的"确定"按钮，弹出如图 2-58 所示的"导出"对话框。

导出表有两种方式：一是只把原表的表结构（即字段）复制到新表，则要选择"仅定义（F）"；二是将原表的表结构和记录都复制到新表，这时就应选择"定义和数据（D）"。

图 2-58　"导出"对话框

（6）保持"导出"对话框中的默认设置，单击"确定"按钮后，弹出如图 2-59 所示的"提示导出成功"对话框，提示成功导出。

（7）单击"关闭"按钮，导出操作完成。

如果打开 DB1 数据库，就能看到"导航窗格"中有"StudentInfo"表，其内容与"学生成绩管理系统"中"StudentInfo"的内容完全一样。

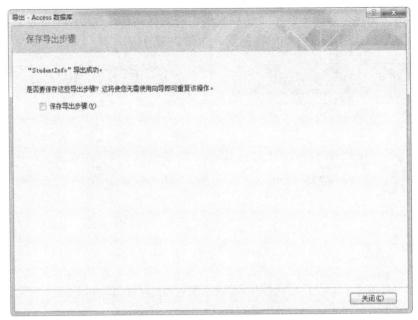

图 2-59　"提示成功导出"对话框

◇◆◇　**本章小结**　◇◆◇

　　本章首先讲解了数据库的创建、打开、关闭、密码设置等数据库基础知识，然后讲解了创建数据表的几种方法，介绍了数据表字段属性设置以及如何建立表与表之间关系。并对数据表结构和记录的修改做了实例讲解，在对数据表记录操作时，通过实例介绍了数据表的筛选和排序。

◇◆◇　**知识结构图**　◇◆◇

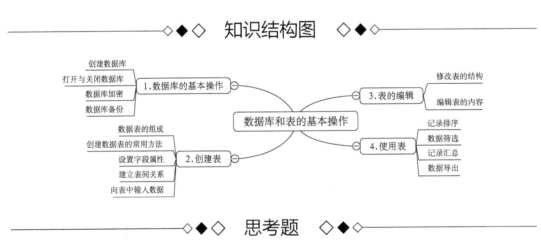

◇◆◇　**思考题**　◇◆◇

　　1. 简述设计表时应注意的问题。
　　2. 简述设计表时要定义的内容。
　　3. 简述 Access 数据表中字段的数据类型。
　　4. 在什么情况下要使用数据库转换技术？

第 **3** 章 数据查询

第3章 章节导
读（视频）

✏️ **学习目标**

1. 了解查询概念及功能。
2. 掌握使用向导创建查询及使用设计视图创建查询。
3. 掌握查询中的计算、操作查询、参数查询及 SQL 查询。
4. 理解 SQL 语言。

在 Access 中，查询（query）是一个重要的数据库对象，是根据一定的条件，从数据源（即表或查询）中查找满足条件的记录。查询是 Access 处理和分析数据的工具，通过查询可以将多个表或查询中的数据按要求抽取出来，供用户查看、统计、分析和使用。

查询的结果可以作为其他数据库对象（如窗体、报表及新数据表）的数据来源，也可以通过查询向表中添加和编辑数据。本章将介绍如何在 Access 中创建查询及查询的使用。

3.1 查 询 概 述

查询是根据给定的条件检索出用户需要的数据，形成一个新的数据集合，即查询也是一个"表"，是以表为基础数据源的"虚表"，并没有被存储在数据库中。创建查询后，保存的只是查询的操作，只有在运行查询时，Access 才会从查询数据源表的数据中抽取出来并创建它；只要关闭查询，查询的动态集就会自动消失。查询的结果会随着数据表中数据的变化而变化。查询是一个或多个表的相关信息的"视图"，它还可以作为数据库其他对象的数据来源。表和查询的这种关系，构成了关系型数据库的工作方式。

3.1.1 查询的功能

Access 2010 的查询功能主要包括以下几个方面：

（1）选择字段。在查询中，可以只选择表中的部分字段。如建立一个查询，只显示

"StudentInfo"表中的"StudentName"和"Birthday"字段，利用此功能，可以选择一个表中的不同字段来生成所需的多个表或多个数据集。

（2）选择记录。可以根据指定的条件查找所需记录，并显示找到的记录。如查找"TeacherInfo"表中1998年参加工作的男教师。

（3）编辑记录。在Access中，可以利用查询批量地添加、修改和删除表中的记录。

（4）实现计算。可以在建立查询的过程中进行统计计算，如计算每门课程的平均成绩。还可以建立一个计算字段来保存计算的结果，如根据"Birthday"字段求每名学生的年龄。

（5）建立新表。利用查询得到的结果可以建立一个新表。如找出"TestScore"小于60分的学生并放到一个新表中。

（6）为窗体和报表提供符合要求的数据源。

3.1.2 查询的视图

查询常用的视图有5种，分别是数据表视图、数据透视表视图、数据透视图视图、SQL视图及设计视图。在选择某个查询后，可以通过单击"结果"组中的"视图"按钮 的下拉列表按钮后再选择不同的视图来切换。

1. 数据表视图

数据表视图以行、列形式显示查询数据，用于浏览、添加、搜索、编辑或删除查询数据，所做操作的结果直接作用在数据表上。

2. 数据透视表视图

用来汇总并分析数据表或窗体中数据的视图，可以通过拖动字段和项，或通过显示和隐藏字段的下拉列表中的项，来查看不同级别的详细信息或指定布局。

3. 数据透视图视图

数据透视图视图与数据透视表视图功能相似，只不过数据透视图视图是以图形的形式显示的。

4. SQL 视图

通过编写SQL语句完成一些特殊的查询，也可以查看其他视图的等效SQL语句。

5. 设计视图

设计视图是一个创建或修改查询的窗口，窗口中包含有创建或修改查询所需要的各种要素。设计视图分为上、下两部分；上半部分用于显示当前查询的数据来源，可以是数据库中的表或已创建的其他查询；下半部分用来设置查询输出的字段、查询条件和记录排序方式等。

3.1.3 查询的类型

在Access中主要有选择查询、参数查询、交叉表查询、操作查询和SQL查询5种类型的查询。5种查询的应用目标不同，对数据源的操作方式和操作结果也不同。其中选择查询、参数查询和交叉表查询是直接对数据表中的数据按要求进行操作，产生动态集。操作查询是对数据的更新、追加、删除及生成新表的操作。SQL 查询是使用 SQL 语句来创建所需的查询。

1. 选择查询

选择查询是最常用的查询，是从一个或多个数据源中根据指定条件获取数据并显示结果。选择查询可以对记录进行分组，并对分组的记录进行总计、计数、求平均值以及其他类型的计算。

例如：查找 1998 年以前参加工作的女教师，统计各门课程的平均分等。

2. 参数查询

参数查询是一种通过输入的条件或参数来检索记录的查询。执行参数查询时，屏幕会显示一个对话框，用来提示输入信息。

例如：根据输入的课程名显示选修了该课程学生的有关信息，显示所有大于输入分数的学生的成绩信息。

3. 交叉表查询

交叉表查询能够汇总数据字段的内容，可以计算最大值、最小值、平均值、总计等，汇总计算的结果显示在行与列交叉的单元格中，类似于 Excel 电子表格的格式。

例如，按性别分类统计每门课程的平均分，要求行标题显示课程名，列标题显示性别，表的交叉处显示平均分。

交叉表查询是对基表或查询中的数据进行计算和重构，以便进行数据分析。

4. 操作查询

操作查询与选择查询相似，都需要指定查找记录的条件，但选择查询是查找并显示符合条件的一组记录，而操作查询是在一次查询操作中对符合条件的结果进行编辑操作。

操作查询共有 4 种：生成表查询、更新查询、追加查询和删除查询。

（1）生成表查询是根据一个或多个表中的全部或部分数据来新建另一个表。例如，将成绩不及格的学生的学号、姓名、课程名和成绩找出后放到一个新表中。

（2）更新查询是对一个或多个表中的一组记录进行批量更改。例如，将所有学生的学号前加 "05"。

（3）追加查询是将一个或多个表中的一组记录添加到另一个表的尾部。例如，将成绩在 90 分以上的学生记录找出后，追加到一个已存在的表中。

（4）删除查询一般是根据查询条件从一个或多个表中删除记录。例如，将 "大学计算机基础" 课程不及格的学生从 "学生信息" 表中删除。

5. SQL 查询

SQL 查询是使用 SQL 语句来创建的一种查询。有些查询无法在设计视图中创建，而需要在 SQL 视图中编写 SQL 语句来完成。这类查询包括：联合查询、传递查询、数据定义查询和子查询等。

（1）联合查询是将一个或多个表或查询组合起来，形成一个完整的查询。执行联合查询时，将返回所包含的表或查询中对应字段的记录。

（2）传递查询是直接将命令发送到 ODBC 数据库服务器中，利用它可以检索或更改记录。

（3）数据定义查询可以创建、删除、更改数据库中的对象，或者在当前的数据库中创建索引。

（4）子查询是包含在另一个选择或操作查询中的 SQL Select 语句，可以在查询"设计网格"的"字段"行输入这些语句来定义新字段，或在"条件"行定义字段的查询条件。通过子查询作为查询的条件对某些结果进行测试，如查找主查询中大于、小于或等于子查询返回值的值。

3.1.4 查询条件

在实际应用中，往往需要的不仅仅是简单的查询，更多的是要查找符合指定条件较为复杂的查询。例如，查找 1998 年以前参加工作的女教师，而这种带条件的查询需要通过设置查询条件来实现。

查询条件是由运算符、常量、字段值、函数以及字段名和属性等组成的一个表达式，整个条件表达式能够计算并得到一个值。

1. 运算符

运算符是构成查询条件的基本元素。常用的运算符有算术运算符 [^（乘方）、*、/、\\（整除）、mod（求余）、+、-]、关系运算符 [>、>=、<、<=、=、< >（不等于）]、逻辑运算符（NOT、AND、OR）、字符串联接符（&、+）和特殊运算符。常用特殊运算符及含义如表 3-1 所示。

表 3-1　常用特殊运算符及含义

特殊运算符	含　义
In	用于指定一个字段值的列表，列表中的任意一个值都可与查询的字段相匹配
Between…AND	用于指定一个字段值的范围
Like	用于指定查找文本字段的字符模式，在所定义的字符模式可以与通配符配合使用
Is Null	用于指定一个字段为空
Is Not Null	用于指定一个字段为非空

通配符可以将字符替换成另外的值，Access 的通配符及功能如表 3-2 所示。

表 3-2　通配符及功能

通　配　符	功　能	示　例
*	该位置可匹配任意多个字符	H*1 可匹配 Ha1、Hbb1、Habce11 等
?	该位置可匹配任何一个字符	H?1 可匹配 Ha1、Hb1、H汉1 等
#	该位置可匹配一个数字字符	H#1 可匹配 H01、H11、H91 等
[]	该位置可匹配括号内的任何一个字符	H [ac] 1 可匹配 Ha1 和 Hc1

（续表）

通　配　符	功　　能	示　　例
!	与［］配合使用，该位置可匹配不在列表内的任何一个字符	H［!ac］1 可匹配 Hb1、Hk1 等，但不匹配 Ha1 和 Hc1
−	与［］配合使用，该位置可匹配一个以递增顺序范围内的任何一个字符	H［a-c］1 可匹配 Ha1、Hb1 和 Hc1

2. 函数

Access 提供了大量的标准函数，如数值函数、字符函数、日期时间函数和统计函数等。这些函数为更好地构造查询条件提供了极大的便利，也为更准确地统计计算、实现数据处理提供了有效的方法。具体含义可以参考附录六。

3. 常用查询条件示例

在实际工作中常常会用到数值、文本值、字段的部分值或日期作为查询条件来限定查询的范围。下面我们就通过示例的形式来进行介绍，具体如表 3-3 所示。

表 3-3　常用查询条件示例

字　段　名	条　　件	功　　能
成绩	<60	查询成绩小于 60 分的记录
	Between 80 and 90	查询成绩在 80～90 分之间的记录
	>=80 and <=90	
	Not　80	查询成绩不是 80 分的记录
	80　or　90	查询成绩为 80 或 90 分的记录
姓名	In（"李明", "肖华"）	查询姓名为李明或肖华的记录
	"李明"　OR　"肖华"	
	like　"李*"	查询姓"李"的记录（假定第一个字符为姓，其余字符为名）
	Left（［姓名］, 1）="李"	
	Not　Like　"*李*"	查询姓名中不包括"李"的记录
	Len（［姓名］）<=3	查询姓名不超过 3 个字符的记录
	mid（［姓名］, 2）="国庆"	查询名为"国庆"记录（假定第一个字符为姓，其余字符为名）
	Right（［姓名］, len（［姓名］）-1）="国庆"	
出生日期	Between #1995-01-01#　and　#1995-12-31#	查询 1995 年出生的记录
	Year（［出生日期］）=1995	
	In（#1995-1-1#, #1995-2-1#）	查询 1995 年 1 月 1 号和 2 月 1 号出生的记录
	Year（date()）-year（［出生日期］）>20	查询年龄超过 20 的记录
	month（［出生日期］）=7	查询所有 7 月份出生的记录

注意：在条件中字段名要用方括号（［］）括起来，且数据类型应与对应字段定义的类型相符，否则会出现数据类型不匹配的错误。

3.2 创建选择查询

当用户创建数据库，建立数据表并在表中输入数据后，就可以创建查询了。我们可以利用 Access 的"查询向导"创建简单查询，也可以自定义查询条件和查询表达式在查询"设计视图"中创建灵活且满足自己需要的查询。当然，还可以利用"设计视图"来修改已创建的查询。

根据指定的条件，从一个或多个数据源中获取所需要数据的查询称为选择查询，下面我们分别介绍利用"查询向导"和"设计视图"两种方法来创建选择查询。

3.2.1 使用查询向导创建选择查询

使用查询向导能创建比较简单的查询，用户可以在向导的引导下选择一个或多个数据源中的一个或多个字段，但不能设置查询条件。

在 Access 中有"简单查询向导""交叉表查询向导""查找重复项查询向导""查找不匹配项查询向导" 4 个创建查询的向导，它们创建查询的方法基本相同，用户可以根据不同的需要选择合适的"查询向导"。下面我们介绍使用查询向导创建简单查询和查找重复项查询。

1. 使用简单查询向导建立简单查询

【例 3-1】 查找学生成绩表（StudentScore）中所有记录，并显示学号（StudentNo）、课程号（CourseNo）和考试成绩（TestScore）字段信息。

操作步骤如下：

（1）打开"学生成绩管理系统"数据库，单击"创建"选项卡下"查询"组中的"查询向导"按钮，弹出"新建查询"对话框，如图 3-1 所示。

（2）在对话框中选择"简单查询向导"选项，单击"确定"按钮，弹出简单查询向导第一个对话框，如图 3-2 所示。

图 3-1 "新建查询"对话框

图 3-2 "简单查询向导"第一个对话框

（3）单击"表/查询"下拉列表，选择要建立查询的数据源，此处选择 StudentScore 表，然后分别选择"StudentNo"、"CourseNo"和"TestScore"字段，单击"添加"按钮，将选中的字段添加到右边"选定字段"列表框中，如图 3-3 所示。

（4）单击"下一步"按钮，弹出如图 3-4 所示的对话框。在对话框中选择采用明细查询或建立汇总查询，本例中选择使用明细查询。

图 3-3　字段选定结果

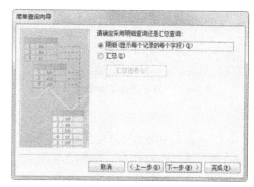

图 3-4　"简单查询向导"第二个对话框明细查询或汇总查询

（5）单击"下一步"按钮，弹出简单查询向导第三个对话框，如图 3-5 所示。输入查询名称，选中"打开查询查看信息"单选按钮，最后单击"完成"按钮，结束查询的创建。

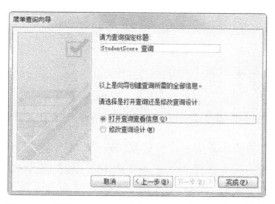

图 3-5　"简单查询向导"第三个对话框为查询命名

2. 使用查找重复项查询向导创建查询

若要确定表中是否有相同的记录或字段是否具有相同的值，可以利用"查找重复项查询向导"建立查询来进行确认。

【例 3-2】　查找学生信息表（StudentInfo）中所有姓名相同的学生，并显示其姓名（StudentName）、学号（StudentNo）和性别（Sex）信息。

操作步骤如下：

（1）打开"学生成绩管理系统"数据库，单击"创建"选项卡下"查询"组中的"查询向导"按钮，弹出"新建查询"对话框，如图 3-6 所示。

（2）在对话框中选择"查找重复项查询向导"选项，单击"确定"按钮，弹出"查找重复项查询向导"第一个对话框，如图 3-7 所示。

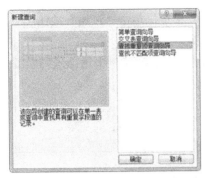

图 3-6　"新建查询"对话框

图 3-7　"查找重复项查询向导"第一个
对话框选择数据源

（3）在对话框中选择"StudentInfo"表，单击"下一步"按钮，弹出"查找重复项查询向导"第二个对话框，如图 3-8 所示。

（4）在对话框中的"可用字段"列表中双击"StudentName"字段后，要查找的重复字段出现在右侧的"重复值字段"列表中，如图 3-9 所示。

图 3-8　"查找重复项查询向导"第二个对话框

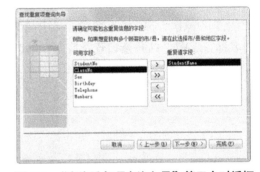

图 3-9　"查找重复项查询向导"第三个对话框

（5）单击"下一步"按钮，弹出"查找重复项查询向导"第四个对话框，要求选择显示除重复字段以外的其他字段。此处选择"StudentNo"和"Sex"两个字段，结果如图 3-10 所示。

（6）单击"下一步"按钮，在弹出的"查找重复项查询向导"第五个对话框中将"请指定查询的名称"文本框中输入"学生重名查询"，如图 3-11 所示。

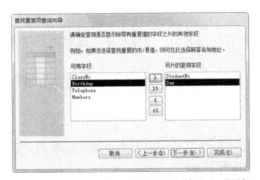

图 3-10　"查找重复项查询向导"第四个对话框

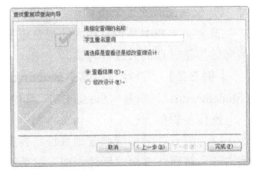

图 3-11　"查找重复项查询向导"第五个对话框

（7）选择"查看结果"，然后单击"完成"按钮，查询结果如图 3-12 所示。

图 3-12　查询结果

3.2.2　使用设计视图创建选择查询

使用查询向导可以创建比较简单的查询，但是对于需要条件的查询，是无法直接利用查询向导创建的。因此，对于有条件的查询，可以通过"设计视图"来创建。

1. 查询"设计视图"组成

在"设计视图"中，可以创建不含条件的查询，也可创建带条件的查询，还能修改已存在的查询。查询"设计视图"窗口组成如图 3-13 所示。

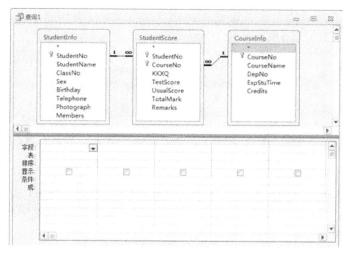

图 3-13　查询"设计视图"窗口

查询"设计视图"窗口由上、下两部分组成。上半部分是"字段列表区"，显示所选表的所有字段；下半部分是"设计网格"区，其中的每一列对应查询动态集中的一个字段，每一行对应该字段的一个属性或要求。每行的含义如表 3-4 所示。

表 3-4　查询"设计网格"中行的含义

行 名 称	含 义
字段	设置定义查询对象时要选择的字段
表	设置字段的来源
排序	定义字段的排序方式
显示	设置选择字段是否在数据表（查询结果）视图中显示出来
条件	设置字段限制条件
或	设置"或"条件来限定记录的选择

注意：对于不同类型的查询，设计网格中包含的行项目会有所不同。

2. 创建不带条件的查询

【例 3-3】 查询所有学生的选课成绩，并显示学号（StudentNo）、姓名（StudentName）、课程名（CourseName）和期评成绩（TotalMark）4 个字段。

操作步骤如下：

（1）打开"学生成绩管理系统"数据库，单击"创建"选项卡下的"查询设计"按钮，弹出"设计视图"和"显示表"对话框，如图 3-14 所示。

图 3-14　"设计视图"和"显示表"对话框

（2）选择作为查询数据源的表或查询（本例中使用"StudentInfo"表、"StudentScore"表和"CourseInfo"表），将其添加到查询"设计视图"的"字段列表区"，关闭"显示表"对话框，返回"查询设计"窗口，如图 3-15 所示。

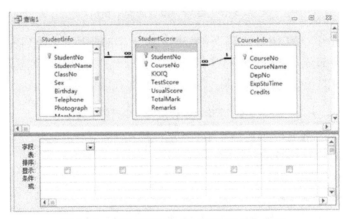

图 3-15　将数据源添加到"查设设计"窗口

（3）双击数据源表中的字段或直接将该字段拖动到"字段"行中，这样就在"表"行中显示了该表的名称，"字段"行中显示了该字段的名称。本题需双击"StudentNo"（本例使用"StudentInfo"表中"StudentNo"）、"StudentName"、"CourseName"和"TotalMark"

字段，结果如图 3-16 所示。

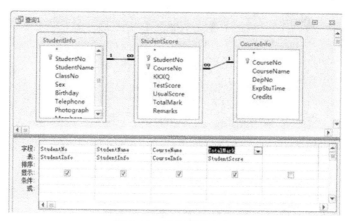

图 3-16 选择所需字段

（4）单击"保存"按钮，这时弹出一个"另存为"对话框，输入"查询名称"为"学生选课信息"，如图 3-17 所示。

图 3-17 "另存为"对话框

（5）单击"确定"按钮，保存该查询。单击"设计"选项卡下"结果"组中的"视图"按钮或者"运行"按钮，可以查看运行查询的结果，如图 3-18 所示。

StudentNo	StudentNa	CourseName	TotalMark
17415100101	郭晓磊	大学计算机基础	82.6
17415100101	郭晓磊	数据库技术与应用(access)	68.6
17415100102	黄亚琳	大学计算机基础	79.4
17415100102	黄亚琳	数据库技术与应用(access)	64.6
17415100103	张新茹	大学计算机基础	70.9
17415100103	张新茹	数据库技术与应用(access)	62.55
17415100104	菁敏	大学计算机基础	91
17415100104	菁敏	数据库技术与应用(access)	76.85
17415100105	李镭	大学计算机基础	86.3
17415100105	李镭	数据库技术与应用(access)	72.55
17415100106	王燕	大学计算机基础	79.8
17415100106	王燕	数据库技术与应用(access)	71.6
17415100107	甘博	大学计算机基础	71.8
17415100107	甘博	数据库技术与应用(access)	63.35
17415100108	吴飞	大学计算机基础	69.7
17415100108	吴飞	数据库技术与应用(access)	62.25
17415100109	毛远兮	大学计算机基础	71.5
17415100109	毛远兮	数据库技术与应用(access)	74.65
17415100110	梁子柔	大学计算机基础	81.4

图 3-18 查询结果

在上述操作中，当添加两个表（StudentScore 和 StudentInfo）到"设计视图"中时，两个表之间会有一条连接线。双击该连接线，弹出如图 3-19 所示的"联接属性"对话框。

图 3-19 "联接属性"对话框

"联接属性"对话框用于设置对两个表的哪些记录进行查询。图中有三个不同的单选按钮，用户可以根据自己的需要进行选择。

查询设计创建
选择查询
（视频）

3. 创建带条件的查询

【例 3-4】 查询所有期评成绩大于等于 80 分的学生的选课名单，并显示学号、姓名和课程名三个字段信息。

操作步骤如下：

（1）打开设计视图，添加表。单击"创建"选项卡下的"查询设计"按钮，弹出"设计视图"和"显示表"对话框，将"StudentInfo"表、"StudentScore"表和"CourseInfo"表添加到查询"设计视图"的"字段列表区"。

（2）添加查询字段。查询结果没有要求显示"TotalMark"字段，但由于查询条件需要使用该字段，因此在确定查询所需字段时必须选择该字段。分别双击表中的"StudentNo"（该字段两个表中都有，可以任选一个表中的这个字段即可）、"StudentName"和"CourseName""TotalMark"字段。

（3）设置显示字段。按照本例要求，不需要显示"TotalMark"字段，单击"TotalMark"字段"显示"行的复选框，这时复选框内变为空白，表示该字段在查询结果中不显示。

（4）输入查询条件。在"TotalMark"字段的"条件"行中输入">=80"，结果如图 3-20所示。

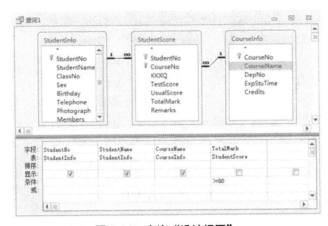

图 3-20 查询"设计视图"

（5）保存查询。保存所建查询，将其命名为"大于等于 80 分的学生名单"。

（6）切换到数据表视图，查询结果如图 3-21 所示。

【例 3-5】　查找所有总成绩大于等于 80 分的男同学和总成绩小于 60 分的女同学，并显示其学号、姓名、性别和总成绩。

其操作步骤略，"设计视图"中的设计结果如图 3-22 所示。

图 3-21　查询结果

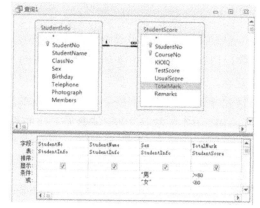

图 3-22　"设计视图"中的设计结果

4. 有关计算的查询

通过前面的介绍，我们对于一般的带条件和不带条件的查询有了一定的了解，这种仅仅得到符合条件的记录的查询在工作或学习中并不能完全满足我们的实际需要。在实际应用中，常常需要对查询结果进行统计计算，如求最大值、最小值和求和等。这些操作我们可以通过设计网格中的"总计"行进行各种统计，通过创建计算型字段进行任意类型的计算。

在 Access 查询中，对于计算型字段有两种形式：预定义计算和自定义计算。

预定义计算也常说"总计"计算，根据系统提供的用于对查询中的记录组或全部记录进行的计算，它包括总计、平均值、计数、最大值、最小值和标准偏差等。在查询"设计视图"中，单击"显示/隐藏"组中的"汇总"按钮 Σ，设计网格区多了"总计"行。对设计网格区中的每个字段，都可在"总计"行中选择总计项，实现对查询中的全部记录、一条或多条记录组进行计算。"总计"行的名称及含义如表 3-5 所示。

表 3-5　"总计"行的名称及含义

名　　称	功　　能
合计	求一组记录中某字段的累加值
平均值	求一组记录中某字段的平均值
最小值	求一组记录中某字段的最小值
最大值	求一组记录中某字段的最大值
计数	求一组记录中某字段中非空值个数
StDev	求一组记录中某字段值的标准偏差
Group　By	定义要执行计算的组

（续表）

名　称	功　能
First	求一组记录中第一个记录的字段值
Last	求一组记录中最后一个记录的字段值
Expression	创建表达式中包含统计函数的计算字段
Where	指定不用于分组的字段条件

自定义计算是使用一个或多个字段的值进行数值、日期和文本的计算。例如，用某一个字段值乘上某一数值（如将所有学生的 TotalMark 乘以 1.2），用两个日期时间字段的值相减等。对于自定义计算，必须直接在"设计网格"中创建新的计算字段，创建方法是将表达式输入到"设计网格"中的空字段单元格，表达式可以由多个计算组成。

【例 3-6】　统计 1995 年参加工作的男教师的人数。

操作步骤如下：

（1）打开"设计视图"，添加表。单击"创建"选项卡下的"查询设计"按钮，弹出"设计视图"和"显示表"对话框，将"TeacherInfo"表添加到查询"设计视图"的"字段列表区"。

（2）添加查询字段。分别双击"TeacherInfo"表中的"TeacherNo""Sex""WorkTime"字段。

（3）调出"总计"行。单击"显示/隐藏"组中的"汇总"按钮 Σ，此时在设计网格中显示"总计"行，并自动将所有字段的"总计"行单元格设置为"Group By"。

（4）修改"总计"单元格。单击"TeacherNo"字段的"总计"单元格，并单击其右侧的下拉按钮，在下拉列表中选择"计数"。同样的方法，将"Sex"和"WorkTime"字段的"总计"单元格改成"Where"。

（5）设置条件行。将"Sex"和"WorkTime"字段条件行中分别设置为"男"和 Year（[WorkTime]）=1995，如图 3-23 所示。

（6）保存所建查询，并命名为"1995 年参加工作的男教师人数"。

（7）运行查询，结果如图 3-24 所示。

图 3-23　设置总计项

图 3-24　查询结果

注意：可以发现上述查询结果所显示的统计字段名可读性比较差。在 Access 中允许重新命名字段，方法有两种，一是在设计网格"字段"行直接命名，即在原字段名前加上"新字段名"和"："（此处，"："是英文状态下的符号）；二是利用"属性表"对话框来命名，即将光标定位到要改名的字段的"字段"行单元格中，单击"显示/隐藏"组中的"属性表"，在打开的"属性表"对话框的"标题"栏中输入新字段名。

在 Access 中，有时要按类别进行统计，也就是将记录进行分组，对每个组的值进行统计。分组统计时，应在该字段的"总计"行上选择"Group By"。

【例 3-7】　统计男、女学生的人数，并将显示字段名改成性别和人数。

操作步骤略，设置分组总统计项的"设计视图"如图 3-25 所示。

实际工作中，有时用于计算的数据值来源于多个字段，此时需要在"设计网格"中添加一个新字段，新字段值是由一个或多个字段使用表达式计算得到的，所以称为"计算字段"。

【例 3-8】　计算学生期评成绩，显示"学号"（StudentNo）、"姓名"（StudentName）、课程名（CourseName）和"期评"字段。其中"期评"成绩由"TestScore"和"UsualScore"计算组成，其中"TestScore"占 70%，"UsualScore"占 30%。

图 3-25　设置分组总计项的"设计视图"

操作步骤略，计算字段设置视图的"设计视图"如图 3-26 所示。

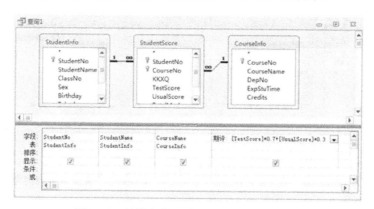

图 3-26　计算字段设置视图的"设计视图"

3.3　创建交叉表查询

交叉表是一种常用的汇总性表格，交叉表查询中的数据分为两组信息：一组列在数据表的左侧，一组列在数据表的上方，然后在数据表行与列的交叉处显示表中某个字段的各种计算值。

创建交叉表查询（视频）

在创建交叉表查询时，需要指定 3 种字段：

（1）放在交叉表最左端的行标题，它将某一字段的相关数据放入指定的行中。

（2）放在交叉表最上方的列标题，它将某一字段的相关数据放入指定的列中。

（3）放在交叉表行与列交叉位置上的字段，需要为该字段指定一个总计项，如总计、平均值、计数等。在交叉表查询中，只能指定一个列字段和一个总计类型的字段。

3.3.1 使用查询向导创建交叉表查询

使用交叉表查询向导建立查询时，所选择的字段必须在同一个表或查询中，如果所需要的字段不在同一个表中，就需要先建立一个查询，把它们放在一起。

【例 3-9】 用交叉表统计每个院系男女教师的人数。

操作步骤如下：

（1）打开数据库，单击"创建"选项卡下的"查询向导"按钮，在弹出"新建查询"对话框中选择"交叉表查询向导"选项。

（2）单击"确定"按钮，弹出"交叉表查询向导"第一个对话框。在该对话框中选择一个表或一个查询作为交叉表查询的数据源（在本例中使用"TeacherInfo"表），如图 3-27 所示。

（3）单击"下一步"按钮，弹出"交叉表查询向导"第二个对话框。在对话框的"可用字段"中选择作为"行标题"的字段，行标题最多可以选择三个。本例中选择"DepNo"作为行标题，如图 3-28 所示。

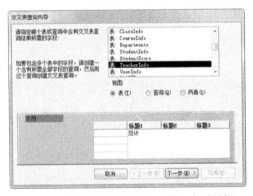

图 3-27 "交叉表查询向导"第一个对话框

图 3-28 "交叉表查询向导"第二个对话框

（4）单击"下一步"按钮，弹出"交叉表查询向导"第三个对话框。在对话框中选择作为"列标题"的字段，列标题最多可以选一个。本例中选择"Sex"字段作为列标题，如图 3-29 所示。

（5）单击"下一步"按钮，弹出"交叉表查询向导"第四个对话框。在此对话框中选择要在交叉点显示的字段，以及字段的显示函数。本例中选择"TeacherNo"字段，"函数"选"Count"（即计数），如图 3-30 所示。

（6）单击"下一步"按钮，在打开的"交叉表查询向导"最后一个对话框中输入该查询的名称，单击"完成"按钮，创建的交叉表查询如图 3-31 所示。

从图 3-31 中可知，院系编号（DepNo）为 01 的共有教师 11 名，其中 4 名男教师，7 名女教师，同样也可以查看其他院系的教师人数。

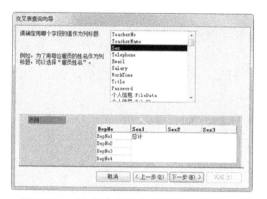

图 3-29　“交叉表查询向导”第三个对话框

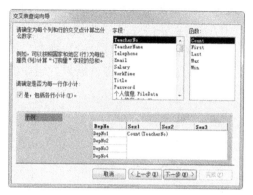

图 3-30　“交叉表查询向导”第四个对话框

TeacherInfo_交叉表

DepNo	总计 TeacherNo	男	女
01	11	4	7
02	11	8	3
03	14	8	6
04	12	10	2
05	14	6	8
08	29	16	13

记录: 第 1 项(共 6 项)　无筛选器　搜索

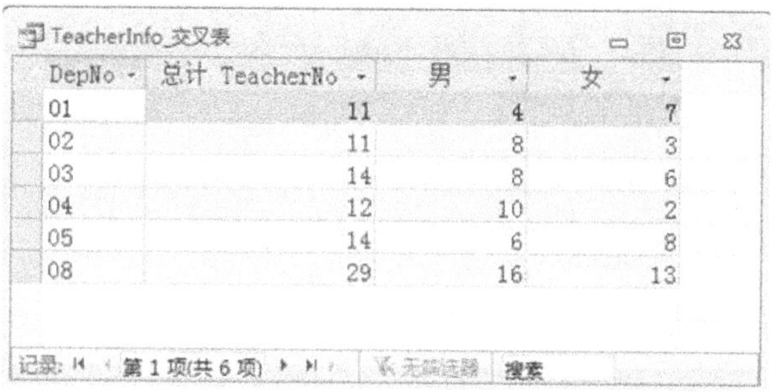

图 3-31　利用“交叉表查询向导”创建的交叉表查询结果

3.3.2　使用设计视图创建交叉表查询

使用查询向导建立交叉表查询时，选择的字段必须在同一个表或同一个查询中。其实，我们可以利用设计视图建立单表或多表的交叉表查询。使用“设计视图”创建交叉表查询时，可以对分布于不同表中的字段创建查询，只需要从“显示表”对话框中选择多个数据表作为查询数据源即可。

【例 3-10】　创建交叉表查询，统计每个院系男、女教师工资低于 3200 元的人数。

操作步骤如下：

（1）打开“设计视图”，添加表。单击“创建”选项卡下的“查询设计”按钮，弹出“设计视图”和“显示表”对话框，将“TeacherInfo”表添加到查询“设计视图”的“字段列表区”。

（2）设置查询类型。单击“查询类型”组中的“交叉表”按钮。

（3）添加查询字段。分别双击“TeacherInfo”表中的“DepNo”、“Sex”、“TeacherNo”和“Salary”字段。

（4）修改“总计”单元格。先单击“TeacherNo”字段的“总计”单元格，再单击其右侧的下拉按钮，在打开的下拉列表中选择“计数”。同样的方法，将“Salary”字段的“总计”单元格改成“Where”。

（5）修改"交叉表"单元格。先单击"DepNo"字段的"交叉表"单元格，再单击其右侧的下拉按钮，在打开的下拉列表中选择"行标题"。同样的方法，将"Sex"和"TeacherNo"字段的"交叉表"单元格分别改成"列标题"和"值"。

（6）设置条件行。在"Salary"字段"条件"行中输入"<3200"。

（7）保存查询。此时"设计视图"如图3-32所示。

（8）查看结果。单击"结果"组中的"运行"按钮，结果如图3-33所示。

图 3-32　交叉表"设计视图"

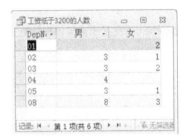

图 3-33　运行结果

【例 3-11】　利用交叉表查询，统计每个院系男、女教师的平均工资（院系显示要为院系名称）。

操作步骤略，其"设计视图"如图3-34所示。

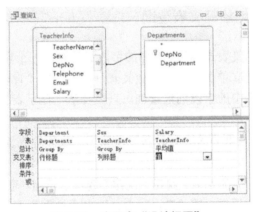

图 3-34　交叉表"设计视图"

3.4　创建参数查询

创建参数查询
（视频）

使用前面的方法创建的查询，无论是内容还是条件都是固定的，如果希望根据某个或某些字段不同的值来查找记录，就需要不断地更改所建查询的条件，显然很麻烦。为了更灵活地实现查询，可以使用参数查询。

参数查询就是在查询时输入查询参数值，同一个查询中输入不同的参数值可以获得不同的查询结果。参数查询因为参数的随机性而具有较大的灵活性，参数查询常常作为窗体和报表的数据来源。

可以建立一个参数提示的单参数查询，也可以建立多个参数提示的多参数查询。

创建参数查询与用查询设计创建选择查询的方法相同，只不过是要把输入的参数提示文本用方括号"[]"括起来，且放在与参数输入有关字段的条件行中。

【例 3-12】根据输入的学生姓名，查看该学生的学号、姓名、班级编号、性别。

操作步骤如下：

（1）打开数据库，单击"创建"选项卡下的"查询设计"按钮，弹出"设计视图"和"显示表"对话框。

（2）选择要作为查询数据源的表或查询。本例使用"StudentInfo"表，将其添加到查询"设计视图"的"字段列表区"，关闭"显示表"对话框，返回"参数查询"设计窗口。

（3）选择字段，即双击数据源表中字段或直接将该字段拖动到"字段"行中。本题双击表中的"StudentNo""StudentName""ClassNo""Sex"字段。

（4）设置条件。在"StudentName"字段的"条件"行中，输入一个带方括号的文本"[请输入学生姓名:]"作为参数查询的提示信息，如图 3-35 所示。

图 3-35　单参数查询"设计视图"

（5）保存该查询。单击"保存"按钮，弹出一个"另存为"对话框，输入查询名称"根据姓名查询"。单击"设计"选项卡下"结果"组中的"视图"或"运行"按钮，弹出"输入参数值"对话框，如图 3-36 所示。

（6）输入要查询的学生姓名，例如，输入"周艳"并单击"确定"按钮，得到的查询结果如图 3-37 所示。

图 3-36　"输入参数值"对话框

图 3-37　根据姓名查询的结果

每一次运行这个名为"根据姓名查询"的查询时，都会出现要求输入学生姓名的对话框，输入要查询的学生姓名，即可得到查询结果。

说明：方括号中的内容即为查询运行时出现在"输入参数值"对话框中的提示文本，尽管提示文本可以包含查询字段的字段名，但不能与字段名完全相同。

【例 3-13】 创建参数查询，根据先输入的班级编号及后输入的课程名找出该班某课程的相关信息，要求显示学生学号、姓名、班级编号、课程名和考试成绩的信息。

本题为多参数查询，与创建单参数查询一样，只不过多设置一个"条件"行。多参数查询"设计视图"如图 3-38 所示。

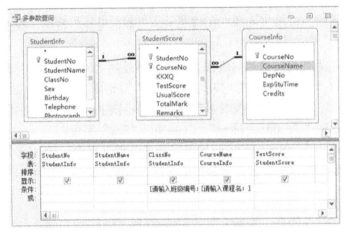

图 3-38 多参数查询"设计视图"

运行查询时，先根据提示输入班级编号"174151001"，单击"确定"按钮，再根据提示输入课程名"大学计算机基础"，单击"确定"按钮后，结果如图 3-39 所示。

StudentNo	StudentNa·	ClassNo ·	CourseName ·	TestScore ·
17415100101	郭晓磊	174151001	大学计算机基础	79
17415100102	黄亚琳	174151001	大学计算机基础	77
17415100103	张新茹	174151001	大学计算机基础	64
17415100104	菁敬	174151001	大学计算机基础	91
17415100105	李锴	174151001	大学计算机基础	86
17415100106	王燕	174151001	大学计算机基础	75
17415100107	甘博	174151001	大学计算机基础	67
17415100108	吴飞	174151001	大学计算机基础	64
17415100109	毛远号	174151001	大学计算机基础	67
17415100110	梁子柔	174151001	大学计算机基础	79
17415100112	郭颖	174151001	大学计算机基础	72
17415100113	杨逸	174151001	大学计算机基础	83
17415100114	张熙睿	174151001	大学计算机基础	81
17415100115	刘美汐	174151001	大学计算机基础	69
17415100116	何婉漾	174151001	大学计算机基础	77
17415100117	刘永芳	174151001	大学计算机基础	61
17415100118	冯杰	174151001	大学计算机基础	83
17415100119	王晨辰	174151001	大学计算机基础	82

记录: ◄ 第 1 项(共 38 项) ► ►I 无筛选器   搜索

图 3-39 多参数查询结果

其实在实际应用中，我们也可以根据需要在条件表达式中使用参数提示。

【例 3-14】 创建参数查询，根据输入的分数，显示所有考试成绩超过该分数的学生的学号、姓名、课程名和考试成绩信息。

操作步骤略，查询"设计视图"如图 3-40 所示。

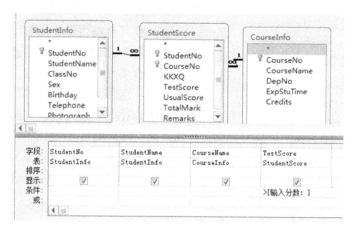

图 3-40　查询"设计视图"

3.5　创建操作查询

在对数据库进行维护时，常常需要对大量的数据进行修改。例如，删除成绩小于 60 分的记录；将所有 1988 年以前参加工作的老师的职称改为副教授；将成绩大于 90 分的记录存到一个新表中。这些操作既要检索记录，又要更新记录，而操作查询就能解决这些问题。

操作查询是指仅在一个操作中更改许多记录的查询，查询后的结果不是动态集合，而是转换后的表。操作查询包括更新查询、生成表查询、追加查询和删除查询。

3.5.1　更新查询

在数据库操作中，如果只对其中少量的数据进行修改，通常是在表操作环境下通过手工完成的，但如果有大量的数据需要进行有规律的修改，手工编辑就显得十分困难，且效率很低，准确性也很差。在 Access 中，系统提供的更新查询就可以完成这种对数据进行的成批修改。

【例 3-15】　将教师信息表中院系编号为 05 的所有教师的院系编号改成 20。

操作步骤如下：

（1）打开"学生成绩管理系统"数据库，单击"创建"选项卡下的"查询设计"按钮，在弹出的"显示表"对话框中双击"TeacherInfo"表，将其添加到查询"设计视图"的"字段列表区"，关闭"显示表"对话框，返回"查询设计"窗口。

（2）单击"查询类型"组中的"更新"按钮，进入"更新查询"设计窗口，可以看到在设计网格中增加了一个"更新到"行。

（3）双击设计视图"字段列表区"中的"DepNo"字段，将其添加到设计网格中。

（4）在对应字段（本例中为"DepNo"字段）的"更新到"行中输入更新数据"20"，在

图 3-41 "更新查询"设计窗口

"条件"行中输入更新条件"05",如图 3-41 所示。

（5）关闭"更新查询"设计窗口,保存查询,打开数据源表,如图 3-42 所示。

（6）打开查询"设计视图",单击"结果"组中的"视图"按钮,可以预览到要更新的数据。如果不符合要求,则可再单击"结果"组中的"视图"按钮,返回到"设计视图",修改查询,直到符合要求为止。如果查询符合要求,单击"运行"按钮,则"TeacherInfo"表中的数据将被更新（说明:数据被更新后将不能恢复）。

（7）打开"TeacherInfo"表,结果如图 3-43 所示。

图 3-42 "TeacherInfo"表的数据

图 3-43 运行更新查询后"TeacherInfo"表的数据

【例 3-16】 将教师信息表中所有教授编号前面加上 99。

操作步骤略,其"设计视图"如图 3-44 所示。

创建操作查询——生成表查询（视频）

3.5.2 生成表查询

生成表查询就是从一个或多个表中检索数据,然后将结果添加到一个新表中。用户既可以在当前数据库中创建新表,也可以在另外的数据库中生成该表。

图 3-44 更新查询"设计视图"

【例 3-17】 将工资大于 3500 元的教师的基本信息存储到一个新表中,表名为"工资 3500 元以上教师",新表中包括教师编号、姓名、性别、工资和工作时间等信息。

操作步骤如下：

（1）打开"学生成绩管理系统"数据库，单击"创建"选项卡下的"查询设计"按钮，在弹出的"显示表"对话框中选择"TeacherInfo"表，单击"添加"按钮将该表添加至"设计视图"中。

（2）关闭"显示表"对话框，单击"查询类型"组中的"生成表"按钮，弹出如图 3-45 所示的"生成表"对话框。在"表名称"文本框中输入"工资 3500 元以上教师"，单击"当前数据库"单选按钮，将新表存放到当前打开的数据库中。

图 3-45　"生成表"对话框

（3）单击"确定"按钮，返回查询的"设计视图"，在数据源表中选择新表中所需字段。

（4）在"Salary"字段的"条件"行单元格中输入">3500"，其"设计视图"如图 3-46 所示。

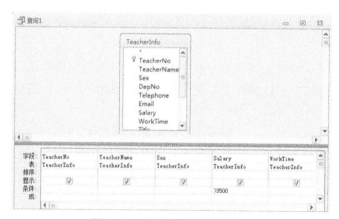

图 3-46　生成表"设计视图"

（5）单击"保存"按钮，弹出"另存为"对话框。在对话框的"查询名称"文本框中输入查询文件名（本例为"生成表工资 3500 元以上"），如图 3-47 所示，单击"确定"按钮。

（6）单击"结果"组中的"视图"按钮，预览要生成的数据表，如果不符合要求，则可再返回到"设计视图"，对查询进行修改，直到符合要求为止。

（7）在"设计视图"中，单击"结果"组中的"运行"按钮，弹出一个生成表提示框，如图 3-48 所示。单击"是"按钮，开始生成新表，且不能撤销所做的更改；单击"否"按钮，不建立新表。本例单击"是"按钮。

（8）此时在导航窗格中，可以看到名为"工资 3500 元以上教师"的新表，双击此表，数据如图 3-49 所示。

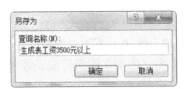

图 3-47 “另存为”对话框

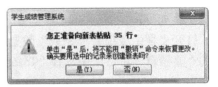

图 3-48 生成表提示框

工资3500元以上教师

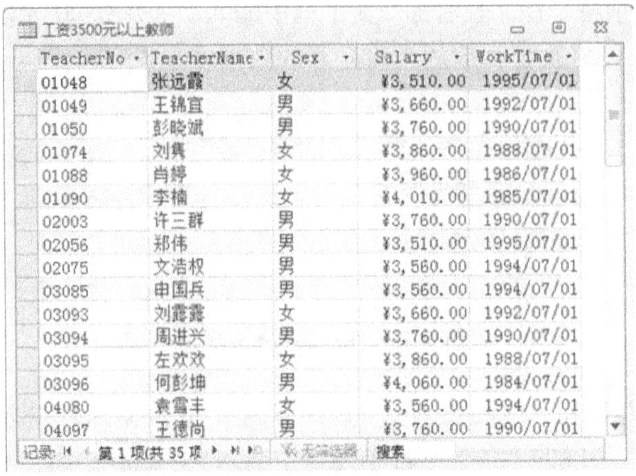

TeacherNo	TeacherName	Sex	Salary	WorkTime
01048	张远霞	女	¥3,510.00	1995/07/01
01049	王锦宜	男	¥3,660.00	1992/07/01
01050	彭晓斌	男	¥3,760.00	1990/07/01
01074	刘隽	女	¥3,860.00	1988/07/01
01088	肖婷	女	¥3,960.00	1986/07/01
01090	李楠	女	¥4,010.00	1985/07/01
02003	许三群	男	¥3,760.00	1990/07/01
02056	郑伟	男	¥3,510.00	1995/07/01
02075	文浩权	男	¥3,560.00	1994/07/01
03085	申国兵	男	¥3,560.00	1994/07/01
03093	刘露露	女	¥3,660.00	1992/07/01
03094	周进兴	男	¥3,760.00	1990/07/01
03095	左欢欢	女	¥3,860.00	1988/07/01
03096	何彭坤	男	¥4,060.00	1984/07/01
04080	袁雪丰	女	¥3,560.00	1994/07/01
04097	王德尚	男	¥3,760.00	1990/07/01

记录: 第 1 项(共 35 项) 无筛选器 搜索

图 3-49 新表数据

3.5.3 追加查询

在维护数据库时，常常需要将某个表中符合一定条件的记录添加到另一个表中，用手工编辑较麻烦，又无法在一次操作中实现一组记录的添加。Access 提供的追加查询能够很容易实现这类操作。

追加查询可将一组记录从一个或多个数据源表（或查询）添加到一个或多个目标表中。

通常，源表和目标表在同一个数据库中，但也并非必须如此。例如，假设有一个数据库中的一个教师信息表中有 7 个字段，而另一个数据库中的教师信息表中有 5 个与之匹配的字段，你可以使用追加查询只添加匹配字段中的数据，并忽略其他字段。

【例 3-18】 建立一个追加查询，将工资大于 3000 元且小于 3500 元的教师的基本信息添加到“工资 3500 元以上教师”表中。

操作步骤如下：

（1）打开数据库，单击“创建”选项卡下的“查询设计”按钮，在弹出的“显示表”对话框中选择“TeacherInfo”表，单击“添加”按钮将该表添加至“设计视图”中。

（2）关闭“显示表”对话框，单击“查询类型”组中的“追加”按钮，弹出“追加”对话框。

（3）在“表名称”文本框中输入“工资 3500 元以上教师”或从下拉列表中选择“工资 3500 元以上教师”表；选中“当前数据库”单选按钮，设置结果如图 3-50 所示。

（4）单击“确定”按钮。这时查询设计网格中多了一个“追加到”行。

（5）将“TeacherInfo”表中的“TeacherNo”、“TeacherName”、“Sex”、“Salary”和“WorkTime”字段添加到设计网格的“字段”行相应的列上。

图 3-50　"追加"对话框

（6）在"Salary"字段的"条件"行单元格中输入条件">3000　and　<3500"，结果如图 3-51 所示。

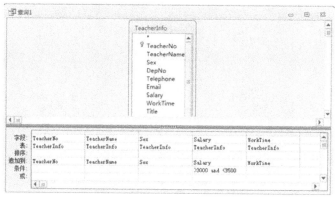

图 3-51　"追加查询"设计窗口

（7）单击"结果"组中的"视图"按钮，可以预览到将要追加到目标表中的数据，如果不符合要求，则可再单击"结果"组中的"视图"按钮，返回到"设计视图"，对查询进行修改，直到符合要求为止。

（8）在"设计视图"中，单击"结果"组中的"运行"按钮，弹出一个追加查询提示框，如图 3-52 所示。单击"是"按钮，开始实施追加操作，且不能用"撤销"命令恢复所做的更改；单击"否"按钮，则不将记录追加到指定表（本例单击"是"按钮）。

图 3-52　追加查询提示框

3.5.4　删除查询

删除查询就是利用查询来删除一组记录，删除后数据将无法恢复。

删除查询根据其所涉及的表与表之间的关系可以简单地划分为以下三种类型：

（1）删除单个表或一对一关系中的记录。

（2）使用只包含一对多关系中一端表的查询来删除多端表记录。

（3）使用包含一对多关系中两端表的查询来删除两端表记录。

删除查询将永久删除指定表中的记录，如果使用删除查询删除记录，就不能用"撤销"命令恢复所做的删除。因此，在执行删除查询的操作时要十分慎重，最好对删除记录的表进行备份，以防由于错误操作而引起数据丢失。

【例3-19】 建立一个删除查询，将"工资3500元以上教师"表中已到退休年龄的记录删除（假设退休要求是男教师工龄大于30年，女教师工龄大于25年）。

创建删除查询的方法与另外三种操作查询的创建方法相似，本例不再详细讲解，其"设计视图"如图3-53所示。

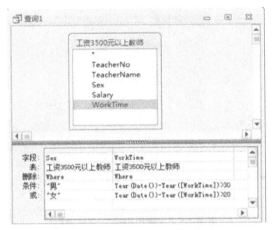

图3-53 删除查询"设计视图"

注意：操作查询执行后，不能撤销刚刚做过的更改操作。因此，在执行操作查询之前，最好先单击"结果"组中的"视图"按钮，预览即将更改的记录。如果预览到的记录就是要操作的记录，再执行操作查询。这样可防止误操作，否则要返回"设计视图"修改查询，直到符合要求为止。另外，在使用操作查询之前，最好备份数据。

3.6 结构化查询语言（SQL）

结构化查询语言（Structured Query Language，SQL）是操作数据库的标准语言，它是集数据定义、数据操纵、数据查询和数据控制于一体的关系数据库语言。

3.6.1 SQL 简介

SQL 是最重要的关系数据库操作语言，并且它的影响范围已经超出了数据库领域，得到其他领域的重视和采用，如人工智能领域的数据检索。

SQL 是 1986 年 10 月由美国国家标准局（ANSI）审定通过的数据库语言美国标准，接着，国际标准化组织（ISO）颁布 SQL 为正式国际标准。1989 年 4 月，ISO 提出了具有完整性特征的 SQL89 标准，1992 年 11 月又公布了 SQL92 标准。SQL 的特点主要体现在以下几个方面。

（1）一体化：SQL 集数据定义、数据操纵、数据查询和数据控制于一体，可以完成数据库中的全部工作。

（2）使用方式灵活：它具有两种使用方式，既可以直接以命令方式交互使用，也可以嵌入使用，嵌入到 C、C++、FORTRAN、COBOL、Java 等主语言中使用。

（3）非过程化：只要操作要求，不必描述操作步骤，也不需要导航。使用时只需要告诉计算机"做什么"，而不需要告诉它"怎么做"。

（4）语言简洁，语法简单，语句接近自然语言，易学好用。核心动词有 9 个，如表 3-6 所示。

表 3-6 SQL 的动词

SQL 功能	动　　词
数据定义	CREATE，DROP，ALTER
数据操作	INSTER，UPDATE，DELETE
数据查询	SELECT
数据控制	CRANT，REVOTE

3.6.2　数据定义

数据定义是指对表一级的定义，包括创建表、修改表和删除表等基本操作。

1. 创建表

在 SQL 中，CREATE TABLE 可以创建表，具体命令格式如下：

```
CREATE TABLE <表名>
    (<列名> <数据类型> [ <列级完整性约束条件> ]
    [，<列名> <数据类型> [ <列级完整性约束条件>] ] …
    [，<表级完整性约束条件> ]);
```

在一般的语法格式描述中使用了如下符号，其含义如下：

● <>，表示在实际语句中一定要用实际需要的内容进行替代。

● []，表示可以根据需要进行选择，也可以不选。

● |，表示多项选项只能选择其中之一。

● [，…]，表示前面的项可以重复多次。

命令说明如下：

● <表名>，所要定义的基本表的名字。

● <列名>，组成该表的各个属性名（列名，字段名）。

● <列级完整性约束条件>：涉及相应属性列的完整性约束条件。

● <表级完整性约束条件>：涉及一个或多个属性列的完整性约束条件，包括主键约束（Primary Key）、数据唯一约束（Unique）、空值约束（Not Null 或 Null）、完整性约束（Check）等。

● <数据类型>：对应字段的数据类型，每个字段必须定义名称和数据类型。常用数据类型有文本型（char）、数字型（整型（smallint）、长整型（int）、单精度（real）、双精度（float）、字节（byte））、日期型（date）、货币型（currency）、备注型（memo）。

【例 3-20】 创建一个教师表，包括编号、姓名、工资和出生日期字段。其中编号为主键，姓名值不能为空。

SQL 语句为：

```
CREATE TABLE 教师表（编号 char(5)primary key,姓名 char(4)not null,工资 currency,出生日期 date）
```

在 Access 中创建教师表的操作步骤如下：

（1）打开数据库（本例中为"学生成绩管理系统"），单击"创建"选项卡下的"查询设计"按钮，关闭弹出的"显示表"对话框。

（2）单击"查询类型"组中的"数据定义"按钮。

（3）在"SQL 视图"空白区域输入上述语句，输入语句后的视图如图 3-54 所示。

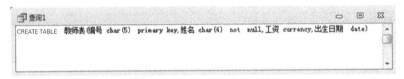

图 3-54 SQL 视图

（4）保存查询，并命名为"创建教师表"。

（5）单击"结果"组中的"运行"，这时导航窗体中多了一个教师表。用"设计视图"打开此表，表结构如图 3-55 所示。

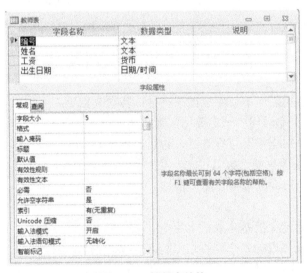

图 3-55 教师表结构

【例 3-21】 创建一个学生表，包括 XH（文本型，宽度为 5）、XM（文本型，宽度为 4）、CJ（长整型）字段。

SQL 语句为：

```
CREATE TABLE  学生表（XH char（5），XM char（4），CJ  int）
```

2. 修改表

表结构建立完成后，有可能不符合要求，需要修改。在 Access 中可以使用 ALTER TABLE 修改已存在的表的结构，包括添加字段、修改字段属性或删除字段等。其命令格式如下：

```
ALTER TABLE <表名>
[ADD <字段名> <数据类型> ［字段级完整性约束条件］ ]
[DROP [<字段名>] …]
[ALTER  <字段名> <数据类型>];
```

说明：该格式可以添加（ADD）新的字段或修改（ALTER）已有的字段的属性，包括字段名称、数据类型，删除（DROP）字段。它的语法基本可以与 CRATE TABLE 的语法相对应。

【例 3-22】   在"教师表"中增加"性别"和"KK"两个文本型字段，"性别"字段的宽度为 1，"KK"字段的宽度为 20，然后再将"KK"字段的宽度改为 4，最后将"KK"字段删除。

（1）添加新字段的 SQL 语句：

```
ALTER TABLE 教师表  ADD 性别   char（1），KK  char（20）
```

（2）将"KK"字段的宽度改为 4 的 SQL 语句：

```
ALTER TABLE 教师表 ALTER  KK  char（4）
```

（3）删除"KK"字段的 SQL 语句：

```
ALTER TABLE 教师表 DROP  KK
```

3. 删除表

当不再需要某个基本表时，可以用 DROP TABLE 对其进行删除，其命令格式如下：

```
DROP  TABLE  <表名>
```

说明：表一旦删除就不能再恢复。

【例 3-23】   删除学生表。

```
DROP  TABLE 学生表
```

3.6.3 数据操纵

在 SQL 中，数据操纵主要是指对表中的记录进行增加、删除和更新等操作。

1. 插入记录

可使用 INSERT INTO 将一条记录插入到指定的表中，其命令格式如下：

```
INSERT INTO <表名>  [(<字段名 1> [，<字段名 2> …])]
VALUES (<常量 1> [，<常量 2> …]);
```

说明：（1）INTO 子句中的<字段名 1>［，<字段名 2>…］是指表中插入新值的字段名。

（2）VALUES 子句中的<常量 1>［，<常量 2>…］是指表中插入新值的字段值，各常量的数据类型必须要与 INTO 子句中所对应的字段类型一致，且个数也要相同。

【例 3-24】　给"教师表"加入（"00001"，"肖漫虹"）和（"10052"，"谢华"，2560，#09-03-1960#，"男"）两条记录。

插入记录的 SQL 语句为：

```
INSERT INTO 教师表（编号，姓名）VALUES（"00001"，"肖漫虹"）
INSERT INTO 教师表 VALUES（"10052"，"谢华"，2560，#09-03-1960#，"男"）
```

说明：如果所有字段都要插入数据，那么可以省略指定字段部分。

注意：文本数据要用（""）括起起来，日期型数据要用#括起来，当然备注型数据也要用（""）括起来，所有符号必须是英文符号。

2. 更新记录

SQL 语句中更新记录是用 UPDATE 语句对所有符合条件的记录进行指定的操作。其命令格式如下：

```
UPDATE  <表名>
SET <字段名 1>= <表达式 1>   [，<字段名 2>= <表达式 2> …][WHERE <条件>]
```

说明：（1）<字段名>= <表达式>是用表达式的值替代对应字段的值，并且一次可以修改多个字段。

（2）［WHERE <条件>］用来指定更新条件，只有满足条件的记录的字段值才会被更新。如果不使用 WHERE 子句，则更新所有记录。

【例 3-25】　将教师表中所有男教师的工资增加 200 元。

```
UPDATE 教师表 SET 工资=工资+200  WHERE 性别="男"
```

3. 删除记录

在 Access 中如果不再需要记录，可以通过 DELETE 语句删除表中所有或满足条件的记录。其命令格式如下：

```
DELETE FROM <表名> [WHERE <条件>];
```

说明：［WHERE <条件>］用于指定删除条件，删除满足条件的记录。如果没有 WHERE 子句，则表示要删除表中的所有记录。

【例 3-26】　删除教师表中所有年龄超过 60 岁的教师信息。

```
DELETE FROM 教师表  WHERE  year（date()）-year（出生日期）>=60
```

3.6.4　数据查询

SQL 语句最主要的功能就是查询功能，SQL 语句通过 SELECT 语句可以检索和显示一个或多个数据库表中的数据。

前面我们介绍的各种查询操作，系统都可以自动将操作命令转换成 SQL 语句，操作方法是单击打开查询"设计视图"下"结果"组的"视图"按钮，其下拉列表中选择"SQL 视图"选项，就可以进入该查询的"SQL 视图"。当然，用户也可以在"SQL 视图"中直接添加 SQL 查询语句，实现需要的查询功能。

在介绍 SQL 特定查询之前，我们首先需要了解一下 SQL 语句的基本语法。

1. SELECT 语句

SELECT 语句是创建 SQL 查询中最常用的语句，它是 Microsoft Access 数据库引擎以一组记录的形式从数据库返回信息，此时将数据库看成记录的集合。其命令格式如下：

```
SELECT [ALL|DISTINCT|TOP n]   *|<字段列表 > [, <表达式> AS <标识符> ]
FROM <表名或视图名> [, …]
[WHERE <条件表达式>]
[GROUP BY <字段名> [Having <条件表达式>]]
[ORDER BY <字段名> [ASC] [DESC]];
```

说明：

ALL：查询结果是满足条件的全部记录，默认值为 All。

DISTINCT：查询结果不包括重复行的所有记录。

TOP n：查询结果是前 n 条记录。

*：查询结果包含所有的字段。

<字段列表>：使用","将各项分开，这些项可以是字段、常数或函数。

<表达式> AS <标识符>：表达式可以是字段名，也可以是一个计算表达式。AS <标识符>是为表达式指定新的字段名。

2. 语句功能

SELECT 语句是从指定的基本表或视图中，创建一个由指定范围内、满足条件、按某字段分组、按某字段排序的指定字段组成的新记录集。

整个 SELECT 语句的含义是根据 WHERE 子句的条件表达式（相当于选择操作），从 FROM 子句指定的基本表或视图中找出满足条件的记录，再按 SELECT 语句中的目标表达式，选出记录中的指定字段，形成结果表。

如果有 GROUP BY 子句，则将结果按字段值进行分组，该字段值相等的记录为一个组。通常会在组中使用聚合函数。如果带 Having 短语，则只有满足指定条件的组才予以输出。

如果有 ORDER BY 子句，则结果还要按字段值的升序（ASC）或降序（DESC）进行排序，默认是升序。

3. 实例

下面通过几个典型的实例，简单介绍 SELECT 语句的基本用途和用法。

（1）检索表中所有记录的所有字段。

如：查找并显示教师信息表（TeacherInfo）中的所有记录。

```
SELECT * FROM TeacherInfo;
```

命令中的*表示输出显示所有的字段，数据来源于 TeacherInfo，表中的内容以浏览方式显示。

（2）检索表中所有记录的指定字段。

如：查找并显示教师信息表中的"姓名"（TeacherName）、"性别"（Sex）和"工作时间"（WorkTime）字段。

```
SELECT TeacherName, Sex, WorkTime FROM TeacherInfo;
```

（3）检索满足条件的记录和指定的字段。

如：查找并显示教师信息表中参加工作是在 1995 年至 1998 年之间的女教师的姓名、性别和工作时间。

```
SELECT TeacherName, Sex, WorkTime FROM TeacherInfo
WHERE (WorkTime BETWEEN #01/01/1995# AND #12/31/1998#) AND Sex="女";
```

如：查找并显示教师信息表中姓"李"的教师的姓名、性别和工作时间。

```
SELECT TeacherName, Sex, WorkTime FROM TeacherInfo
WHERE TeacherName LIKE "李*";
```

如：查找并显示教师信息表中所有职称（Title）是教授或副教授的教师的姓名和职称。

```
SELECT TeacherName, Title FROM TeacherInfo WHERE Title in ("教授","副教授");
```

（4）检索表中前 n 个记录（TOP n）。

如：显示教师信息表中工资（Salary）排在前 10 位的教师的姓名和工资。

```
SELECT TOP 10 TeacherName, Salary FROM TeacherInfo ORDER BY Salary DESC;
```

（5）进行分组统计，并增加新字段。

如：计算教师信息表中各类职称的教师人数，并将计算字段命名为"各类职称人数"。

```
SELECT Title, count (TeacherNo) AS 各类职称人数   FROM TeacherInfo
GROUP BY Title;
```

如：显示教师信息表中院系平均工资超过 3400 元的院系号和院平均工资。

```
SELECT DepNo, avg (Salary) AS 院平均工资   FROM TeacherInfo
GROUP BY DepNo HAVING avg (Salary) >3400;
```

（6）对检索结果进行排序。

如：计算教师信息表中每个院系的平均工资，并按院系的平均工资由低到高显示。

```
SELECT DepNo, avg (Salary) AS 院平均工资   FROM TeacherInfo
GROUP BY DepNo ORDER BY avg (Salary);
```

（7）将多个表连接在一起。

如：查找学生的成绩，并显示学号、姓名、课程名和成绩。

```
SELECT StudentInfo.StudentNo, StudentName, CourseName, TestScore
FROM StudentInfo, CourseInfo, StudentScore
WHERE StudentInfo.StudentNo=StudentScore.StudentNO
AND CourseInfo.CourseNo=StudentScore.CourseNo;
```

3.6.5　联合查询

联合查询可以组合来自两个结构相似的表或查询中的数据，即可以将两个或多个表或查询中的对应字段合并到查询结果的一个字段中。联合查询的基本命令格式如下：

```
SELECT <字段名 1> [, <字段名 2>, …]    FROM <表名 1> [, <表名 2>, …]
[WHERE  <条件表达式 1>]
UNION [ALL]
SELECT <字段名 a> [, <字段名 b>, …]    FROM <表名 a> [, <表名 b>, …];
[WHERE  <条件表达式 2>]
```

说明：

FROM 子句，是指查询数据源，即数据表或查询。

WHERE 子句，查询条件、查询结果是表中满足<条件表达式>的记录集。

UNION，是合并的意思，也就是将前后的两个 SELECT 语句结果进行合并。

ALL，是指合并所有记录，包括重复记录。如果不带 ALL 则去除重复值。

联合查询中合并的选择查询必须具有相同的输出字段数、采用相同的顺序并包含相同或兼容的数据类型。

【例 3-27】　创建联合查询显示"工资 3500 元以上教师"表中所有记录和"TeacherInfo"表中工资小于等于 2800 元的记录，显示内容为编号、姓名、工资。

操作步骤如下：

（1）启动 Access，打开数据库（本例中为"学生成绩管理系统.accdb"），单击"创建"选项卡下的"查询设计"按钮，直接关闭"显示表"对话框。

（2）单击"查询类型"中的"联合"按钮，进入"SQL 视图"。

（3）在视图的空白区域输入如下 SQL 语句：

```
SELECT TeacherNo, TeacherName, Salary
FROM 工资 3500元以上教师
UNION
SELECT TeacherNo, TeacherName, Salary
FROM TeacherInfo
WHERE  Salary<=2800
```

此时的"SQL 视图"如图 3-56 所示。

（4）保存该查询为"联合查询"，双击该查询，结果如图 3-57 所示。

图 3-56　SQL 视图

图 3-57　"联合查询"结果

3.6.6 传递查询

传递查询就是将查询命令直接发送到 ODBC 数据库服务器中，即开放式数据库连接，如 Microsoft SQL Server 等大型数据库管理系统。连接使用传递查询可以直接操作或使用服务器中的表，而不需要将服务器表连接到本地的 Access 数据库中。

SQL 传递查询主要用于以下几种场合：

（1）需要在后台服务器上运行 SQL 语句。

（2）Access 如果对该 SQL 代码的支持效果不好，需要发送一个优化格式到后端数据库。

（3）要连接存在于数据库服务器上的多个表。

在 Access 中通过传递查询可以直接使用其他数据库管理系统中的表。创建传递查询要完成两项操作：一是设置要连接的数据库；二是在"SQL 视图"中输入 SQL 语句。

【**例 3-28**】 查询 SQL Server 数据（名为"DATA"）中"学生"表和"成绩"表的信息，显示姓名、课程号、成绩的字段值，并按"成绩"降序排序。

操作步骤如下：

（1）启动 Access，打开数据库（本例中为"学生成绩管理系统.accdb"），单击"创建"选项卡下的"查询设计"按钮，然后直接关闭已打开的"显示表"对话框。

（2）单击"查询类型"中的"传递"按钮，进入"SQL 视图"。

（3）单击"显示/隐藏"组中的"属性表"按钮，弹出"属性表"窗口。在"ODBC 连接字符串"行中输入如图 3-58 所示的字符串，完成"数据源"配置。

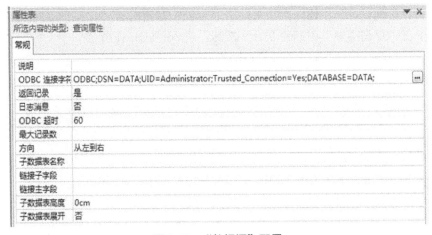

图 3-58 "数据源"配置

（4）在"SQL 视图"中，输入如下 SELECT 语句，如图 3-59 所示。

```
SELECT  学生.姓名,成绩.课程号,成绩.成绩
FROM  学生,成绩
WHERE  学生.学号=成绩.学号
ORDER  BY 成绩.成绩 DESC;
```

（5）单击"结果"组中的"运行"按钮，即可运行传递查询，结果如图 3-60 所示。

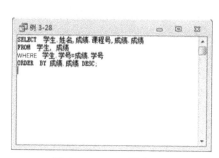

图 3-59　SQL 语句

图 3-60　查询结果

◆◇　**本章小结**　◇◆

　　本章首先讲解了查询的基本知识，然后介绍了如何使用查询向导和"设计视图"创建查询，并通过讲解一些实例介绍了操作查询和 SQL 查询。

◆◇　**知识结构图**　◇◆

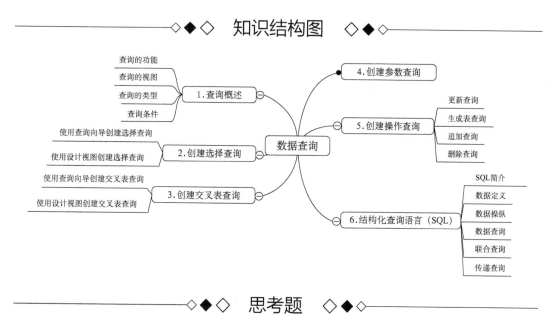

◆◇　**思考题**　◇◆

1. 简述什么是查询。
2. 简述查询与表的区别。
3. 简述查询的作用。
4. 简述创建查询的几种方法。
5. 简述什么是 SQL 查询。

第 4 章 窗体

第 4 章　章节导
读（视频）

 学习目标

1. 理解窗体的概念、功能、分类及窗体的视图模式。
2. 熟练掌握创建窗体的常用方法及子窗体的创建方法。
3. 掌握常用控件的使用。
4. 掌握窗体及控件的属性设置方法。
5. 掌握美化窗体的方法。

窗体是 Access 数据库的重要对象之一，它为用户提供的人机交互界面，是用户和数据库之间联系的桥梁。通过窗体可对数据库中的数据进行输入、编辑、查询、显示、排序和筛选，也能对应用程序的执行进行控制。本章将介绍窗体的功能、分类、创建及美化过程。

4.1 窗 体 概 述

窗体本身不存储数据，但数据库系统的用户界面是通过设计窗体对象来实现的，窗体是数据维护的重要工具，它用于控制用户对数据库的访问，可输入、编辑和显示数据。因此一个操作方便、外观美观的窗体能更加方便用户使用数据库。

4.1.1 窗体的功能

窗体主要是用来管理数据库中的数据，通过窗体，用户可以方便地对数据库中的数据进行编辑、添加及查找等操作。

窗体是用户与数据库进行交互的主要操作界面，其功能主要有以下几个方面。

（1）输入、编辑和显示数据。显示和编辑数据是窗体的基本功能，也是最重要的功能之一。利用窗体可以显示来自一个或多个表中的数据。此外，可通过修改窗体上的数据直接对数据库中相应数据进行更改。

（2）控制程序流程。用户可以通过窗体上的控件向数据库发出各种命令，还可以使用 VBA 代码或宏执行相应的功能，从而控制下一步的流程，如执行查询、打开另一个窗口等。

（3）显示信息。窗体能显示一些提示性信息，如显示警告信息、删除记录时要求确认等。

4.1.2　窗体的组成

窗体是由多个称为节的部分组成的，包括窗体页眉、页面页眉、主体、页面页脚和窗体页脚 5 节，如图 4-1 所示。

窗体组成结构
（视频）

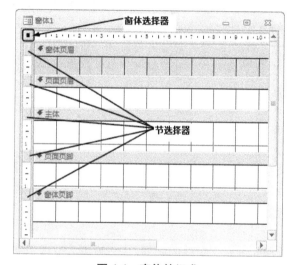

图 4-1　窗体的组成

窗体中必须包含主体节，而窗体页眉/窗体页脚节、页面页眉/页面页脚节可根据需要成对显示或隐藏。显示或隐藏方法为：在"设计视图"下，在窗体空白处右击，在弹出的快捷菜单中选择"窗体页眉/页脚"或"页面页眉/页脚"即可，如图 4-2 所示。

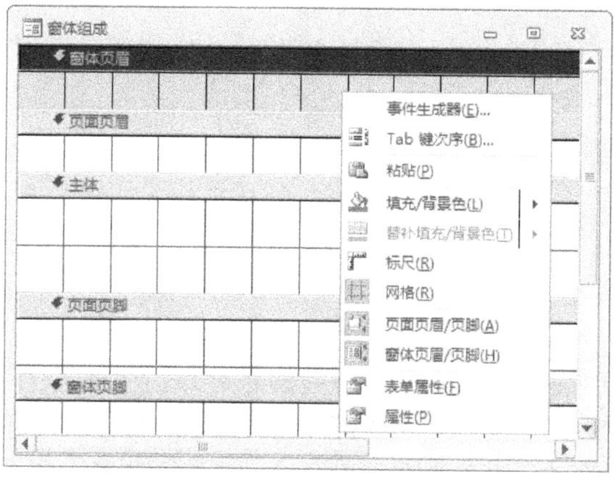

图 4-2　窗体的节的显示与隐藏

窗体中的每个节都有其特定的用途，窗体信息应根据不同需求来放置到各节中，窗体各节的用途及位置如表 4-1 所示。

表 4-1　窗体各节的用途及位置

节　名	用　途	位　置
窗体页眉	显示对每条记录都相同的信息，一般用于设置窗体标题、窗体使用说明或命令按钮等	位于"设计视图"顶部，打印时只出现在首页顶部
页面页眉	每张打印页顶部都需要的信息，如列标题等信息	位于"设计视图"窗体页眉的下方，主节的上方，打印时出现在每页顶部
主体	每个窗体必须有的节，显示一条或多条记录，用于查看或输入编辑数据	位于"设计视图"的中间位置
页面页脚	每张打印页底部都需要的信息，如日期或页码等信息	位于"设计视图"主节的下方，窗体页脚的上方，打印时出现在每页底部
窗体页脚	显示对每条记录都相同的信息，如总的汇总信息等	位于"设计视图"底部，打印时出现在最后一页最后一条主体节数据之后

思考：表 4-1 列出窗体的各节在"设计视图"中与打印时的位置，这些节在窗体视图中又是在什么位置？

4.1.3　窗体的分类

Access 窗体的分类方式有多种，通常是按照功能和窗体上显示数据的方式进行分类的。

窗体布局类型（视频）

按照功能分类常将窗体分成 4 类：控制窗体、数据操作窗体、信息显示窗体和交互信息窗体。

根据窗体上显示数据的方式（窗体的布局），一般将其分成以下 5 类：

（1）纵栏式窗体。纵栏式窗体在窗体上只显示一条记录的数据，按列显示在窗体上，左边是字段名，右边是字段内容，如图 4-3 所示。

图 4-3　纵栏式窗体

（2）表格式窗体。表格式窗体是以表格的形式显示多条记录的窗体，一行就是一条记录，拖动滚动条可以查看所有记录，如图 4-4 所示。

（3）数据表窗体。数据表窗体与表和查询的"数据表视图"的界面相似，以二维表格方式显示多条记录，拖动滚动条可以查看所有记录。这种窗体多用作子窗体，如图 4-5 所示。

（4）数据透视表窗体。数据透视表窗体是根据要求对数据表或查询中的某些字段进行分类分析、统计数据，类似于 Excel 中的数据透视表，如图 4-6 所示。

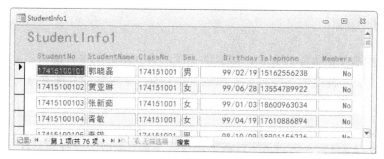

图 4-4 表格式窗体

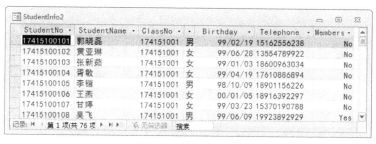

图 4-5 数据表窗体

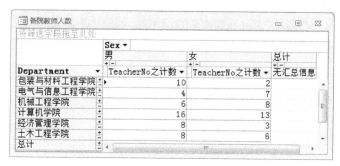

图 4-6 数据透视表窗体

（5）数据透视图窗体。数据透视图窗体是根据要求对数据表或查询中的某些字段进行分类统计，并以图形的方式直观地显示出来，如图 4-7 所示。

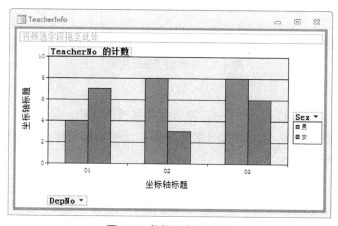

图 4-7 数据透视图窗体

4.1.4 窗体的视图

窗体的视图是显示数据的方式，可提供不同的方式对数据进行编辑。不同类型的窗体，其视图也不相同。在 Access 数据库中，窗体的视图共有6种。

窗体视图
（视频）

1. 设计视图

"设计视图"一般用来创建或编辑修改窗体，如图 4-8 所示。打开窗体的"设计视图"后，Access 功能区选项卡发生了变化，显示视图命令、控件、格式等与窗体设计相关的工具组。

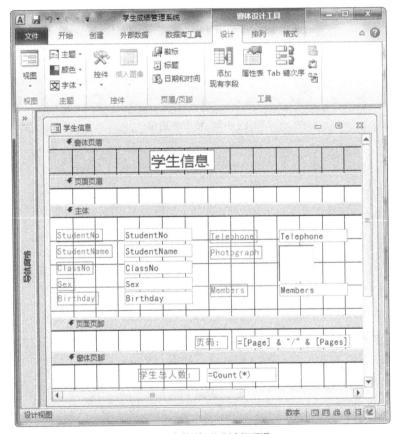

图 4-8 窗体的"设计视图"

2. 布局视图

"布局视图"是允许在运行状态进行窗体控件修改的视图，如图 4-9 所示。在"布局视图"下，可修改控件布局，也可添加和删除字段，还可设置窗体及其控件的属性，调整控件的位置及宽度等操作。

3. 窗体视图

"窗体视图"是窗体的运行界面，是完成窗体设计后的效果图，在该视图下不能对控件进行修改，如图 4-10 所示。

图 4-9　窗体的"布局视图"

图 4-10　窗体的"窗体视图"

4. 数据表视图

"数据表视图"是将窗体上显示的数据以数据表的方式显示多条记录，也是完成窗体设计后的效果图。这种视图与表或查询的数据表视图外观上略有不同。在"数据表视图"中，使用滚动条和利用"导航"按钮一次可浏览多条记录，如图 4-11 所示。

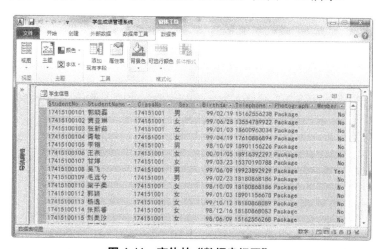

图 4-11　窗体的"数据表视图"

5. 数据透视表视图

在"数据透视表视图"中，可以动态地更改窗体的版面设置，使其以不同的方式重新排列数据表中的行或列，更有利于对数据的分析和汇总。它是一种交互式表，利用它可以重新排列行标题、列标题和筛选字段，直到形成所需的版面布局，如图4-6所示。

6. 数据透视图视图

在"数据透视图视图"中，数据表的数据以图形的形式显示，如图4-7所示。

4.2 创 建 窗 体

Access 创建窗体常采用"窗体向导"和"设计视图"两种方法来实现。使用"窗体向导"能快速创建较为简单的窗体，用户操作比较简便。如果通过向导创建的窗体不能完全满足用户的需要，则可以在窗体的"设计视图"中进行修改。当然，也可以直接使用"设计视图"来创建需要的窗体。

使用工具自动创建窗体（视频）

4.2.1 使用工具自动创建窗体

利用窗体工具，能快速自动创建窗体。使用工具时，来自数据源的所有字段都放在窗体上，用户可以在"布局视图"或"设计视图"中修改该窗体。它们的基本步骤都是先选定一个数据源（表或查询），再单击"创建"选项卡的"窗体"组的中某种创建窗体工具即可。"窗体"组如图4-12所示。

1. 使用"窗体"工具创建"简单窗体"

先在导航窗格中选中数据源（表或查询），再单击"创建"选项卡下"窗体"组中的"窗体"按钮即可自动生成一种显示一条记录的窗体。

【例 4-1】 使用"窗体"工具创建如图4-13所示的窗体，并以窗体名"学生信息表"保存。

图 4-12 "窗体"组

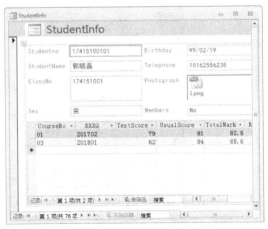

图 4-13 使用"窗体"按钮创建的窗体

基本操作步骤如下：

（1）打开"学生成绩管理系统"数据库，选定导航窗格中的"StudentInfo"表。

（2）单击"创建"选项卡下"窗体"组中的"窗体"按钮 ，系统自动生成如图 4-13 所示的窗体。

由于"StudentInfo"表与"StudentScore"表间存在一对多关系，因此主窗体下方自动创建了一个子窗体，显示了"StudentScore"表中与当前学生记录有关的所有记录。若不需要该数据表，则可以切换到"设计视图"中将其从主窗体中删除。

（3）在快捷工具栏中，单击"保存"按钮，在弹出的"另存为"对话框中，在"窗体名称"文本框中输入窗体的名称"学生信息表"，如图 4-14 所示，再单击"确定"按钮。

图 4-14　窗体命名

说明：

若是想创建窗体的表或查询与某一个表具有一对多关系，则以主表为数据源所创建的窗体中会增加一个子表内容的数据表。若是想创建窗体的表或查询与多个表具有一对多关系，则所创建窗体中只有主表相关内容，无子表的内容。

2. 使用"分割窗体"工具创建"分割窗体"

"分割窗体"是用于创建一个窗体上有两种布局的窗体创建方式。窗体的上半部分是单条记录的纵栏式布局方式，而窗体的下半部分是多条记录数据表布局方式。

"分割窗体"中的这两种视图是连接到同一数据源的，且保持相互同步。若在分割窗体中某个视图中选择了一个字段，则另一视图中也会选择相同的字段。用户可以在任意一种视图中对数据进行添加、编辑或删除。

【例 4-2】　利用"分割窗体"工具创建如图 4-15 所示的窗体。

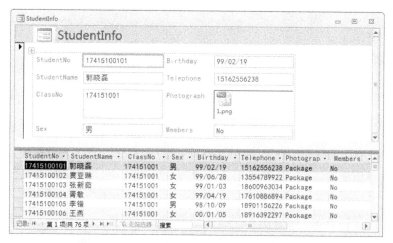

图 4-15　利用"分割窗体"创建学生信息窗体

基本操作步骤如下：

（1）打开"学生成绩管理系统"数据库，选定导航窗格中的"StudentInfo"表。

（2）单击"创建"选项卡下"窗体"组中的"其他窗体"下的"分割窗体"按钮▦，系统自动生成如图 4-15 所示的窗体。

（3）保存窗体。

3. 使用"多个项目"工具创建"多个项目窗体"

使用"多个项目"工具创建的显示多条记录的表格式窗体。

【**例 4-3**】 使用"多个项目"工具创建如图 4-16 所示的窗体。

StudentNo	StudentName	ClassNo	Sex	Birthday	Telephone	Photograph	Members
17415100101	郭晓磊	174151001	男	99/02/19	15162556238	1.png	No
17415100102	黄亚琳	174151001	女	99/06/28	13554789922	2.jpg	No
17415100103	张新茹	174151001	女	99/01/03	18600963034	3.jpg	No
17415100104	胥敬	174151001	女	99/04/19	17610886894	4.jpg	No
17415100105	李锴	174151001	男	98/10/09	18901156226	5.jpg	No
17415100106	王燕	174151001	女	00/01/05	18916392297	6.jpg	No

记录: ◄ 第1项(共76项) ► ►| ► 无筛选器 搜索

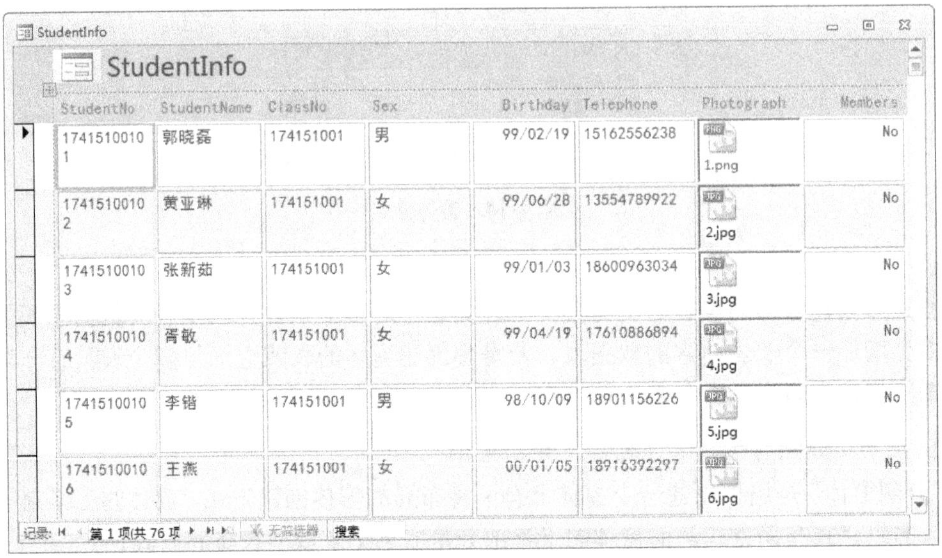

图 4-16　多个项目窗体

基本操作步骤如下：

（1）打开"学生成绩管理系统"数据库，选定导航窗格中的"StudentInfo"表。

（2）单击"创建"选项卡下"窗体"组中的"其他窗体"下的"多个项目"按钮▤，系统自动生成如图 4-16 所示的窗体。

（3）保存窗体。

注意：数据表窗体也可以同时显示多条记录，其创建方法与多个项目窗体创建方法类似，只是将上述操作步骤的第（2）步中单击"多个项目"按钮改成单击"数据表"按钮即可。

4.2.2　使用窗体向导创建窗体

利用工具能快速创建窗体，但不能选择字段，只能是一个数据源中的所有字段。很多时候用户创建的窗体并不需要表中的所有字段，而使用窗体向导可以从单表和多表中选择若干字段来创建合适的窗体。此窗体还可以指定数据查看方式（多表）和布局。如果选择的两个数据源之间存在"一

使用窗体向导
创建窗体
（视频）

对多"的关系，则使用向导可以创建主/子窗体。

【例 4-4】 使用"窗体向导"创建如图 4-17 所示的有关学生信息的窗体。

图 4-17 用向导创建的窗体

基本操作步骤如下：

（1）打开"学生成绩管理系统"数据库，选定导航窗格中的"StudentInfo"表作为窗体的数据源。

（2）单击"创建"选项卡下"窗体"组中的"窗体向导"命令 ，弹出"窗体向导"第一个对话框，要求确定窗体上使用的字段，在"表/查询"下拉列表中选择"表：StudentInfo"，并在"可用字段"中依次双击"StudentNo"、"StudentName"、"ClassNo"和"Sex"字段，将其添加到"选定字段"列表中，如图 4-18 所示。

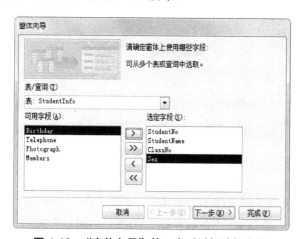

图 4-18 "窗体向导"第一个对话框选择字段

（3）单击图 4-18 中的"下一步"按钮，弹出"窗体向导"的第二个对话框，要求确定窗体使用的布局，选择"纵栏表"单选按钮，如图 4-19 所示。

（4）单击"下一步"按钮，弹出"窗体向导"第三个对话框，要求为窗体指定标题，本题用默认的标题，如图 4-20 所示（当然，标题也可以进行修改）。

（5）单击"完成"按钮，打开如图 4-17 所示的窗体。

（6）将所创建的窗体以文件名"StudentInfo"进行保存。

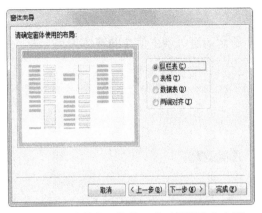
图 4-19　"窗体向导"第二个对话框确定布局

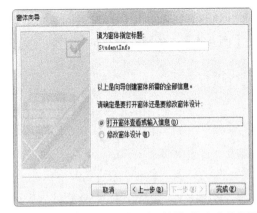
图 4-20　"窗体向导"第三个对话框指定窗体标题

说明：若要创建基于多表的窗体，即窗体中包含来自多个表或查询中的字段，则在窗体向导第一个对话框（见图 4-18）中，选择完第一个表或查询中的所有字段后，然后再选择所需要的其他表或查询中的字段，单击"下一步"或"完成"按钮即可。

4.2.3　使用"空白窗体"工具创建窗体

利用窗体向导创建的窗体，其布局格式有限，Access 2010 提供了"空白窗体"工具来创建窗体，使用这个工具，用户可随意地创建所需的窗体。

【例 4-5】　使用"空白窗体"工具创建如图 4-21 所示的学生成绩窗体。

图 4-21　使用空白窗体创建的窗体

基本操作步骤如下：

（1）打开"学生成绩管理系统"数据库。

（2）单击"创建"选项卡"窗体"组中的"空白窗体"按钮，在"布局视图"中打开一个空白窗体，并显示"字段列表"窗格，如图 4-22 所示。

（3）单击"字段列表"窗格中的"显示所有表"，再单击"StudentScore"表左侧的按钮 ⊞，展开"StudentScore"表中的所有字段列表。

（4）依次双击"StudentScore"表中的"StudentNo"、"CourseNo"、"KKXQ"和"TestScore"字段，这些字段则被添加到"空白窗体"中，同时显示"StudentScore"表中的第一条记录。此时，"字段列表"的布局从一个窗格变成了三个小窗格，分别是"可用于此视图的字段""相关表中的可用字段""其他表中的可用字段"，如图 4-23 所示。

图 4-22　空白窗体和"字段列表"窗格

图 4-23　添加了字段后的空白窗体和
"字段列表"窗格

技巧：若要一次添加多个字段，可按住 Ctrl 键的同时单击所需的多个字段，再将它们拖到窗体中。

（5）将创建的窗体以文件名"学生成绩 1"进行保存。

4.2.4　创建数据透视表和数据透视图窗体

数据透视表和数据透视图窗体具有强大的数据分析功能，在创建过程中，用户可以动态地改变窗体的布局版式，以便按不同方式对数据进行分析。当数据源发生改变时，数据透视表和数据透视图中的数据也将即时更新。

创建数据透视
表窗体（视频）

1. 创建"数据透视表"窗体

"数据透视表"窗体用于查看明细数据或汇总数据，可以对数据库中的数据进行"行、列"合计、数据分析和版面重组。

【例 4-6】　以"各院教师人数"查询为数据源，创建如图 4-24 所示的数据透视表窗体。

院系名称	男 人数 的和	女 人数 的和	总计 人数 的和
包装与材料工程学院	10	2	12
电气与信息工程学院	4	7	11
机械工程学院	6	8	14
计算机学院	16	13	29
经济管理学院	8	3	11
土木工程学院	8	6	14
总计	52	39	91

图 4-24　数据透视表窗体

基本操作步骤如下：

（1）打开"学生成绩管理系统"数据库，创建"各院教师人数"汇总查询，其查询"设计视图"如图 4-25 所示。

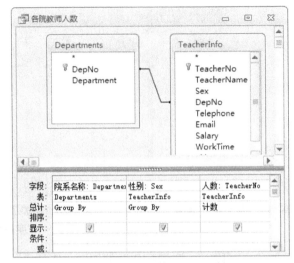

图 4-25 各院教师人数查询"设计视图"

（2）把该查询保存为"各院教师人数"。

（3）选定导航窗格中的"各院教师人数"查询表作为窗体的数据源，单击"创建"选项卡下"窗体"组中的"其他窗体"按钮🖼，在弹出的菜单中选择"数据透视表"命令，打开数据透视表的设计窗口和"数据透视表字段列表"窗格，如图 4-26 所示。

图 4-26 数据透视表的设计窗口和"数据透视表字段列表"窗格

（4）将"数据透视表字段列表"中的"院系名称"、"性别"和"人数"字段分别拖到"将行字段拖至此处"、"将列字段拖至此处"和"将汇总或明细字段拖至此处"，结果如图 4-27 所示。

（5）在数据透视表的设计窗口中，在默认情况下，"总计"列中无汇总信息。若要计算各院教师人数，单击"人数"列的标题名，这时所有学生人数列被选中并变为蓝底黑字，如图 4-28 所示。

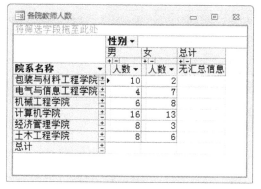

图 4-27　设置"数据透视表"

图 4-28　选中"人数"列后的数据透视表窗口

（6）在"设计"选项卡的"工具"组中，单击 Σ▼（自动计算）按钮，在弹出的菜单中，选择"合计"命令，这时在"总计"列和"总计"行中出现汇总的结果，并且在每个院的教师人数中，出现两行相同的人数行，如图 4-29 所示。

图 4-29　出现总计值

（7）在"设计"选项卡的"显示/隐藏"组中，单击"隐藏详细信息"按钮，则每个学院的教师人数行将被隐藏到只剩一行，如图 4-24 所示（若是单击"显示详细信息"按钮，则还原成两行）。

（8）保存窗体。

创建数据透视
图窗体（视频）

2. 创建"数据透视图"窗体

"数据透视图"窗体以图形表示数据。同样，利用"数据透视图"窗体也可对数据库中的数据进行"行、列"合计、数据分析和版面重组。

【例 4-7】　以"各院教师人数"查询为数据源，创建如图 4-30 所示的"各院教师人数"

数据透视图窗体，用来显示各院教师人数的图表。

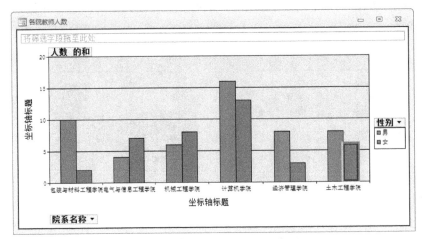

图 4-30　"各院教师人数"数据透视图窗体

基本操作步骤如下：

（1）打开"学生成绩管理系统"数据库，选择导航窗格中的"各院教师人数"查询作为窗体的数据源。

（2）单击"创建"选项卡"窗体"组中的"其他窗体"下的"数据透视图"按钮 📊，打开如图 4-31 所示的数据透视图的"设计窗口"和"图表字段列表"窗格。

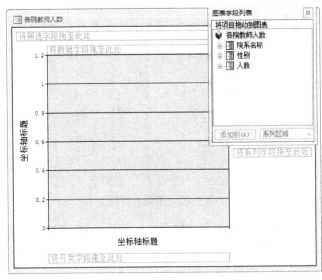

图 4-31　数据透视图"设计窗口"和"图表字段列表"窗格

（3）把"院系名称"字段拖到"将分类字段拖至此处"区域，把"人数"字段拖到"将数据字段拖至此处"区域，把"性别"字段拖到"将系列字段拖至此处"区域。然后，单击"数据透视图工具设计"选项卡下"显示和隐藏"组中的"图例"按钮 📊图例 将图例显示出来，此时"数据透视图"效果如图 4-30 所示。

（4）以"教师人数图表"为文件名保存窗体。

4.2.5　设计视图创建窗体

窗体设计界面
（视频）

使用向导及其他方法创建的窗体，其布局格式比较单一。要创建具有个性化的窗体，就需要使用窗体设计视图来设计和创建。也可先用向导或其他方法创建窗体，再利用窗体设计视图进行修改。

【例 4-8】　利用窗体"设计视图"创建如图 4-32 所示的有关学生成绩的纵栏式窗体，包括学号、姓名、期评成绩和课程名字段。

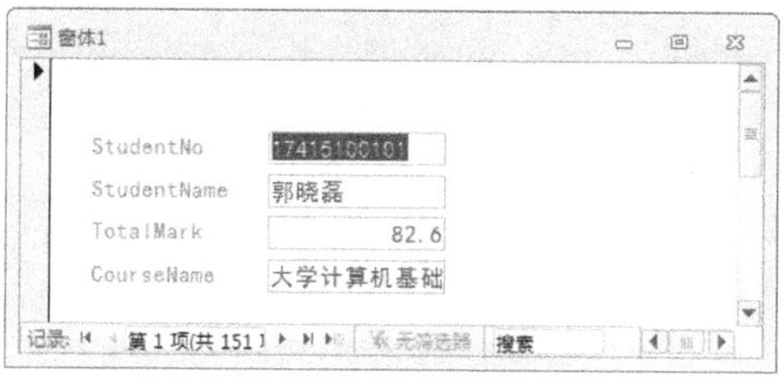

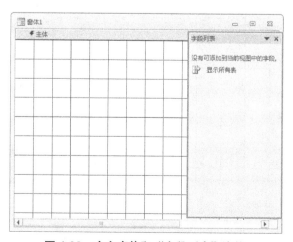

图 4-32　学生成绩窗体

分析：使用"设计视图"创建窗体时，若显示的字段来自多个表，可以采用以下方法进行操作。

方法一，先创建包含多表字段的查询，然后以该查询为记录源创建窗体。

方法二，先创建窗体，然后在设置窗体的记录源属性时创建查询或输入 SOL 语句为窗体的记录源。

方法三，先创建窗体，然后单击"字段列表"窗格中的"显示所有表"，直接从列出的表中选择需要的字段添加到窗体中。

本例以方法三为例进行讲解。

基本操作步骤如下：

（1）打开数据库，单击"创建"选项卡下"窗体"组中的"窗体设计"按钮，创建一个以"设计视图"显示的只包含主体节的空白窗体，并单击"设计"选项卡"工具"组中的"添加现有字段"按钮，打开"字段列表"窗格，如图 4-33 所示。

图 4-33　空白窗体和"字段列表"窗格

（2）在图 4-33 所示的"字段列表"窗格中，单击"显示所有表"，从中选择"StudentInfo"将其展开，双击"StudentNo"和"StudentName"，将这两个字段添加到窗体主体节中，如图 4-34 所示。

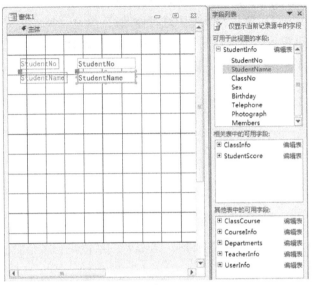

图 4-34　添加学号和姓名字段

（3）添加相关联的"StudentScore"表中的"TotalMark"字段，再添加"CourseInfo"表中的"CourseName"，窗体"设计视图"效果如图 4-35 所示。

图 4-35　窗体"设计视图"效果

（4）单击状态栏右下角的"窗体视图"按钮，将视图切换到窗体视图，效果如图 4-32 所示。

（5）保存窗体。

思考：①纵栏式窗体很少需要记录选择器，那该如何去掉纵栏式窗体的记录选择器呢？②如何将上述纵栏式窗体变成表格式窗体，且在窗体视图下如何设计才能连续显示？

4.2.6　创建主/子窗体

创建主/子窗体
（视频）

子窗体就是窗体中的窗体，作为容器的窗体则被称为主窗体。主窗体主要用来显示数据库中某个表或查询中的一条记录，子窗体则显示与这条记录有关的多个记录。在这类窗体中，主窗体和子窗体彼此链接，当主窗体的记录发生变化时，子窗体中的记录随之发生变化（称为同步）。

在创建主/子窗体之前，首先要正确设置表间关系。如果两表存在一对多的关系，若想创建主/子窗体，通常是将主表（一方）作为主窗体，让子表（多方）成为子窗体。

创建主/子窗体常用以下三种方法来实现。

● 利用"创建"选项卡"窗体"组中的"窗体向导"命令，同时创建主/子窗体。

● 利用窗体"设计视图"选项卡"控件"组中的"子窗体/子报表"按钮圖，在主窗体中添加一个子窗体。这是在系统提供的"子窗体/子报表向导"中完成的。

● 链接窗体。即直接从导航窗格中拖移某个表、查询或窗体到主窗体的窗体"设计视图"中，这时系统会根据链接的情况启动向导，用户根据系统提示的要求来创建子窗体，其对话框界面与利用窗体"设计视图"下"控件"组中的"子窗体/子报表"按钮的界面基本相同。

【例 4-9】　用窗体向导同时创建有关学生的课程成绩的主/子窗体。如图 4-36 所示，包括学生学号、姓名、班级号、性别、课程号、考试成绩、平时成绩和期评成绩字段。

图 4-36　学生成绩主/子窗体

基本操作步骤如下：

（1）打开"学生成绩管理系统"数据库，单击"创建"选项卡"窗体"组中的"窗体向导"命令，弹出"窗体向导"第一个对话框。

（2）在"窗体向导"第一个对话框的"表/查询"下拉列表中选择"表：StudentInfo"，然后依次将"StudentNo"、"StudentName"、"ClassNo"和"Sex"字段添加到"选定字段"列表中，如图 4-37 所示。

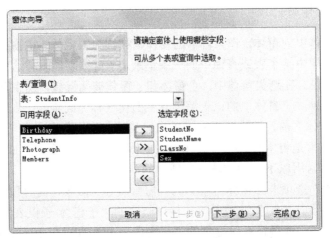

图 4-37   "窗体向导"第一个对话框选择字段（1）

（3）再在图 4-37 的"表/查询"下拉列表中选择"表：StudentScore"选项，并依次将"CourseNo"、"KKXQ"、"TestScore"、"UsualScore"和"TotalMark"字段添加到"选定字段"列表中，如图 4-38 所示。

图 4-38   "窗体向导"第一个对话框选择字段（2）

（4）单击"下一步"按钮，在打开的"窗体向导"第二个对话框中，选择"通过StudentInfo"选项，并选中"带有子窗体的窗体"单选按钮，如图 4-39 所示。

（5）单击"下一步"按钮，在打开的"窗体向导"第三个对话框中，选中"数据表"单选按钮，如图 4-40 所示。

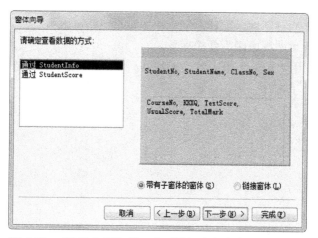

图 4-39 "窗体向导"第二个对话框确定查看数据的方式

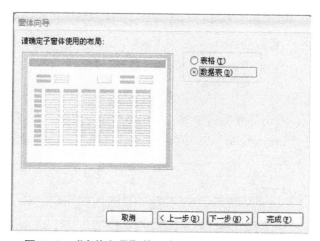

图 4-40 "窗体向导"第三个对话框确定子窗体布局

（6）单击"下一步"按钮，打开"窗体向导"第四个对话框，在"窗体"和"子窗体"文本框中分别输入窗体与子窗体的名称"学生"及"课程成绩"，其他保持默认，单击"完成"按钮，如图 4-41 所示。

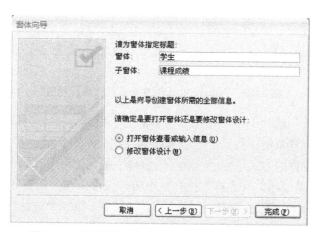

图 4-41 "窗体向导"第四个对话框输入窗体标题

可看到使用窗体向导创建子窗体后的效果，如图 4-36 所示，并可看到在"导航窗格"中添加了"学生"及"课程成绩"两个窗体。

【**例 4-10**】 利用"控件"组中的"子窗体/子报表"按钮 ，在"StudentInfo"窗体上增加"课程成绩"子窗体，如图 4-42 所示。

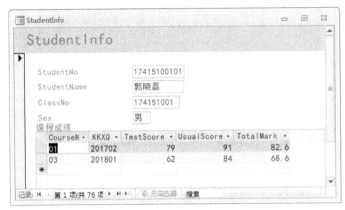

图 4-42 学生与成绩主子窗体

基本操作步骤如下：

（1）打开数据库，右击导航窗格中的"StudentInfo"窗体，在弹出的快捷菜单中选择"设计视图"，即打开"StudentInfo"主窗体的"设计视图"，如图 4-43 所示。

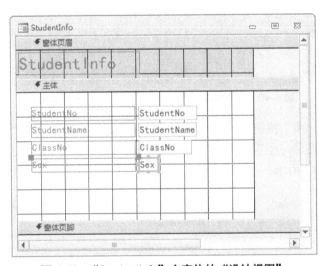

图 4-43 "StudentInfo"主窗体的"设计视图"

（2）单击"设计"选项卡下"控件"组中的"子窗体/子报表"按钮 ，在要放置子窗体控件的左上角位置单击，打开"子窗体向导"第一个对话框。在该对话框中，可以根据需要选择创建子窗体的方式：使用"现有的窗体"或"使用现有的表和查询"。本例选择"使用现有的窗体"单选项，并选择下拉列表中的"课程成绩"子窗体，如图 4-44 所示。

（3）单击"下一步"按钮，在打开的"子窗体向导"第二个对话框中，保持默认设置，如图 4-45 所示。

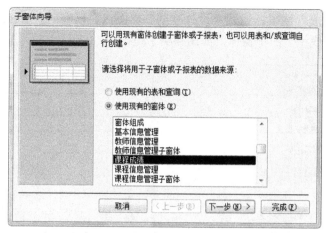

图 4-44　"子窗体向导"第一个对话框用现有的窗体创建子窗体

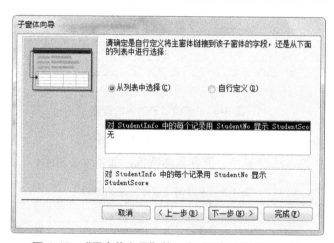

图 4-45　"子窗体向导"第二个对话框保持默认设置

（4）单击"下一步"按钮，在打开的"子窗体向导"第三个对话框中，指定子窗体或子报表名称，本例使用默认的名称，如图 4-46 所示。

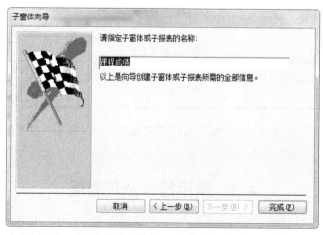

图 4-46　"子窗体向导"第三个对话框确定子窗体名称

（5）单击"完成"按钮，返回"设计视图"界面，在已有的"StudentInfo"窗体中已创建了一个"课程成绩"的子窗体，如图 4-47 所示。

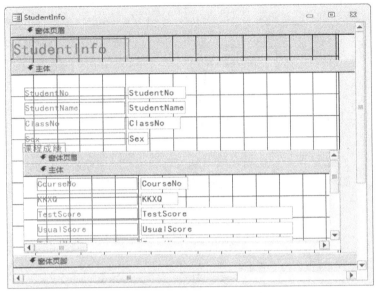

图 4-47　创建了子窗体的窗体

（6）将视图切换到"窗体视图"，其效果如图 4-42 所示。

小结：创建窗体的方法有多种，但各具体特色，如表 4-2 所示。

表 4-2　多种创建窗体方法的比较

创建方式	字段选择	窗体布局	特　　点
"窗体"工具	选择数据源，包括数据源中所有字段	纵栏式	操作简单，布局简洁
"分割窗体"工具		上半部分：纵栏式 下半部分：表格式	两种视图都连接到同一数据源，且保持同步
"多个项目"工具		表格式	操作简单，常用于多条记录的快速浏览
"窗体向导"	通过窗体向导选择 N 个字段	单个窗体：可选择纵栏式、表格式或数据表窗体 主/子窗体：主窗体为纵栏式，子窗体为数据表窗体	操作较为简单，可自选字段、预设布局
"窗体设计"	通过字段列表窗格选择 N 个字段	多种布局。默认为纵栏式，可修改布局	操作比较复杂，但最灵活，可自选字段、设计布局、增删控件，创建人性化的窗体

通过某种方式创建窗体后，如果要修改则都必须在"设计视图"或"布局视图"中来操作。

4.3　常用控件及其应用

Access 提供了很多可添加在窗体或报表上的控件。可在窗体或报表中添加的对象都称为控件，这些控件是窗体或报表中用于显示数据、执行操作或用来修饰版面的对象。控件的类型分为绑定型、未绑定型和计算型 3 种。

● 绑定型控件：直接连接数据源中的某个字段，主要用于显示、输入、更新数据表中的字段，更新控件中的数据相当于直接更新数据源中的数据。可设置控件来源的控件都可以设置为绑定型控件，如文本框、列表框、组合框、复选框等。

● 未绑定型控件：未与数据源字段连接的控件，没有数据来源，可以用来显示信息、标志、说明等。所有控件都可以设置为未绑定型。

● 计算型控件：以表达式作为数据来源，主要用于处理窗体运行时临时产生的结果。表达式可以利用窗体或报表所引用的表或查询字段中的数据，也可以是窗体或报表上的其他控件中的数据。

4.3.1 窗体的"设计"选项卡

在 Access 中定义了许多控件，创建及设置控件一般都是在"设计视图"中进行的。在窗体的"设计视图"下，"窗体设计工具"选项卡如图 4-48 所示，该选项卡中提供了设计窗体时用到的主要工具，包括"视图"、"主题"、"控件"、"页眉/页脚"和"工具"5 个组。

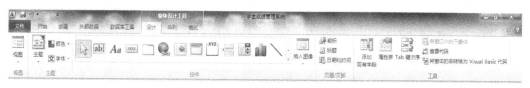

图 4-48 "窗体设计工具"选项卡

（1）"视图"组。"视图"组只有一个"视图"按钮，单击该按钮，打开下拉列表，可实现窗体中不同视图之间的切换。

（2）"主题"组。"主题"组用于设置整个系统的视觉外观，包括"主题"、"颜色"和"字体"3 个按钮。

（3）"控件"组。它是设计窗体的主要工具，由多个控件组成。"控件"组中常用控件名称及其功能如表 4-3 所示。

表 4-3 "控件"组中常用控件名称及其功能

按　钮	名　称	功　能　说　明
ab|	文本框	用于显示、输入或编辑窗体的记录源数据，显示计算结果，或接收用户输入的数据
Aa	标签	用于显示说明性文本，如窗体上的标题
xxxx	按钮	用于创建能够激活宏或 Visual Basic 过程的命令按钮控件，以完成某个操作
	组合框	是列表框和文本框功能的组合，既可在文本框中输入值，也可以从列表框中选择值
	列表框	显示数值列表，可从列表中选择值输入新记录中，或更改现在记录的值
	子窗体/子报表	用于在当前窗体或报表中创建另一个窗体或报表
＼	直线	用于突出显示数据或分隔显示不同的控件

（续表）

按　钮	名　称	功　能　说　明
	矩形框	创建矩形框，将一组相关的控件组织在一起
	绑定对象框	用于在窗体或报表上显示 OLE 对象
	选项组	与复选框、选项按钮或切换按钮搭配使用，可以显示一组可选值
	复选框	可作为绑定到是/否字段的独立控件，也可用于接收用户在"自定义"对话框中输入数据的未绑定控件，或选项组的一部分
	选项按钮	绑定到是/否字段，其行为和切换按钮相似
	切换按钮	在单击时可以在开/关两种状态之间切换。使用它在一组值中选择其中一个
	选项卡控件	用于创建一个多页的选项卡窗体或选项卡对话框。每页可包含许多其他的控件以显示信息
	图表	用于在窗体中插入图表对象
	未绑定对象框	用于在窗体中显示未绑定 OLE 对象，例如 Excel 表格
	图像	用于在窗体放置静态图片
	插入分页符	用于在窗体的页间添加分页符
	超链接	用于创建指向网页、图片等的超链接控件
	附件	在窗体中插入附件控件
	选择	用于选取控件、节和窗体。单击该按钮可以释放以前锁定的工具栏按钮
	使用控件向导	用于打开或关闭"控件向导"。"控件向导"可以帮助用户设计复杂的控件
	ActiveX 控件	打开一个"插入 ActiveX 控件"列表，插入 Windows 系统提供的更多控件
	导航控件	用于在导航窗体中添加标准的 Web 样式的导航按钮
	Web 浏览器控件	用于生成可在 Web 上共享的数据库

（4）"页眉/页脚"组。提供特殊用途的控件，由"徽标"、"日期和时间"和"标题"三个控件组成，单击相关按钮直接将控件添加在窗体页眉节中。

（5）"工具"组。提供设置窗体及控件属性等的相关工具，包括"添加现有字段"、"属性表"和"Tab 键次序"等按钮。

单击"添加现有字段"按钮，可以打开"字段列表"窗格，如图 4-23 所示。单击表名左侧的"+"，可展开该表所包含的字段。在创建窗体时，如果需要在窗体内使用一个控件来显示字段列表中某字段值，可以将该字段拖到窗体内或双击该字段，窗体会根据字段的数据类型自动创建相应类型的控件，并与此字段关联。单击"属性表"按钮，可以打开/关闭"属性表"窗格。单击"Tab 键次序"按钮，可以打开"Tab 键次序"对话框。

4.3.2　窗体和控件的属性

窗体及窗体上的控件都有各自的属性，包括它们的位置、大小、外观及要表示的数据等。这些属性决定了窗体或控件的外观、它所包含的数据，以及对鼠标或键盘事件的响应。

窗体和控件的属性（视频）

1．"属性表"窗格

窗体和控件的属性都在"属性表"窗格中设置，对象不同，其相应的属性会有差异。

图 4-49 "属性表"窗格

要打开某个对象的"属性表"窗格，在窗体"设计视图"中，可选中该对象，单击"设计"选项卡"工具"组中的（属性表）按钮；也可双击所选中的对象；还可以双击"窗体选择器"或按 F4 键。

窗体的"属性表"窗格如图 4-49 所示。窗格上方的下拉列表是当前窗体上所有对象的列表，可从中选择要设置属性的对象，也可直接在窗体上选中对象，则列表框将显示被选中对象的控件名称。

"属性表"窗格包括"格式"、"数据"、"事件"、"其他"和"全部"5 个选项卡。每个选项卡上都有不同的属性设置，而"全部"选项卡涵盖了所有其他选项卡的所有属性设置。"格式"、"数据"和"事件"是三个主要的选项卡。下部选项卡左侧是属性名称，右侧是属性值。

2. 常用的"格式"属性

"格式"属性主要用来设置窗体和控件的外观或显示格式。

（1）控件的"格式"属性

控件的"格式"属性主要包括标题、字体名称、字号、字体粗细、前景色、背景色、特殊效果等。控件中的"标题"属性用于设置控件中显示的文字；"前景色"和"背景色"属性分别适用于设置控件的文字颜色和底色；字体名称、字号、字体粗细等属性用于设置控件中显示文字的格式。

（2）窗体的"格式"属性

窗体的"格式"属性包括标题、默认视图、滚动条、记录选择器、导航按钮、分隔线、自动居中、控制框、最大最小化按钮、关闭按钮、边框样式等。

窗体的常用"格式"属性及其取值含义如表 4-4 所示。

表 4-4 窗体的常用"格式"属性及其取值含义

属性名称	属 性 值	含 义
标题	字符串	设置窗体的标题
默认视图	单个窗体、连续窗体、数据表、数据透视表、数据透视图和分割窗体	用于窗体打开时的视图类型
图片	无，可单击右侧的…按钮，在打开的"插入图片"对话框中插入图片	设置窗体的背景图片
自动居中	是/否	决定窗体显示时是否在 Windows 窗口中简单居中
自动调整	是/否	调整窗体的记录是否需要在一页中完整显示
适应屏幕	是/否	当窗体的宽度太宽时，是否要缩减以符合屏幕的宽度
边框样式	可调边框、无、细边框、对话框边框	设置边框是否可调、有无及样式
记录选择器	是/否	决定窗体显示时是否具有记录选择器，即数据表最左端是否有标识块
导航按钮	是/否	用来设置窗体中是否显示导航（记录切换）按钮
分隔线	是/否	决定窗体显示时是否显示窗体各节间的分隔线

（续表）

属性名称	属 性 值	含 义
滚动条	两者都有、两者均无、只水平和只垂直	决定窗体显示时是否有滚动条，各滚动条的形式
控制框	是/否	用来设置是否显示"控制框" ▭⬚✕
关闭按钮	是/否	用来设置是否显示"关闭"按钮 ✕
最大最小化按钮	两者都有、无，最大化按钮和最小化按钮	用来设置是否显示"最大"按钮 ▭ 与"最小"按钮 ▭

3. 常用的"数据"属性

"数据"属性决定一个控件或窗体中的数据源及操作数据的规则。

（1）控件的"数据"属性。控件的"数据"属性包括控件来源、输入掩码、格式、默认值、有效性规则、有效性文本及是否锁定等。

"控件来源"属性告诉系统如何检索或保存在窗体中要显示的数据，若控件来源中包含一个字段名，则控件中显示的是数据表中该字段值，对窗体中的数据所进行的任何修改都将写入字段中；若控件来源为一个计算表达式，则该控件会显示计算结果。"输入掩码"属性用于设定控件的输入格式。"默认值"属性用于设定一个计算型控件或未绑定型控件的初值。"有效性规则"属性用于设定在控件中输入数据的合法性检查表达式。"有效性文本"属性用于指定违背了有效性规则时显示的提示信息。"是否锁定"属性用于指定该控件是否允许在"窗体视图"中对数据进行编辑操作。

（2）窗体的"数据"属性。窗体的"数据"属性主要包括记录源、排序依据、允许编辑、数据输入等。窗体的常用"数据"属性及其取值含义如表4-5所示。

表4-5 窗体的常用"数据"属性及其取值含义

属性名称	属 性 值	含 义
记录源	表或查询名	指明窗体的数据源
记录集类型	动态集、动态集（不一致更新）、快照	取值为快照，不允许编辑表 取值为动态集，允许编辑所有表
筛选	字符串表达式	表示从数据源中筛选数据的规则
排序依据	字符串表达式	指定记录的排序依据
数据输入	是/否	取值为是，窗体打开时新建一条空白记录 取值为否，窗体打开时显示已有的记录
允许添加、允许删除、允许编辑	是/否	分别决定窗体运行时是否允许对数据进行添加、删除或编辑修改操作
记录锁定	不锁定、所有记录、已编辑的记录	取值为不锁定，在窗体中允许多个用户编辑同一记录 取值为所有记录，打开窗体时，窗体变成只读状态 取值为已编辑的记录，一条记录在某时只能由一个用户编辑

4. 常用的"事件"属性

"事件"属性用来设置宏或 VBA 函数，即为某个控件定义动作。对控件设置"事件"属性的方法是：在"属性表"窗格的"事件"选项卡中，单击"事件"文本框右侧的 ⋯ 按钮，在打开的"选择生成器"对话框中选择"代码生成器"选项，单击 确定 按钮即可在打开的 Visual Basic 编辑器的代码窗口中编写相应的事件代码。

常用的窗体"事件"包括加载、卸载、打开、关闭和激活，其含义如表 4-6 所示。

表 4-6　窗体的常用"事件"属性及其含义

属性名称	含　义
加载	指在启动系统的时候触发事件
卸载	指在退出系统的时候触发事件
打开	指在打开窗体的时候触发事件
关闭	指在关闭窗体的时候触发事件
激活	指在激活窗体的时候触发事件

说明：开启窗体的事件发生顺序是：Open（打开）→Load（加载）→Resize（调整大小）→Activate（激活）→Current（成为当前窗体）→Enter（第一个拥有焦点的控件）→GotFocus（获得焦点）。

5. 常用的"其他"属性

"其他"属性表示了控件的附加特征。

（1）控件的"其他"属性。控件的"其他"属性包括名称、状态栏文字、自动 Tab 键、Tab 键索引、控件提示文本等。

"名称"属性用于指定控件的名称，是窗体中唯一标识对象的标记，同一个作用域内任何两个对象不可以具有相同的名称属性值。"状态栏文字"属性用于为窗体中的一些字段数据添加提示信息，提示信息将在状态栏中显示。"Tab 键索引"用于设定该控件是否自动设定 Tab 键的顺序。

（2）窗体的"其他"属性。窗体的"其他"属性包括独占方式、弹出方式、循环等。若将"独占方式"属性设置为"是"，则能保证在 Access 窗口中仅有该窗体处于打开状态，即该窗体打开后，无法打开其他窗体或 Access 的其他对象。"循环"属性值可以选择"所有记录"、"当前记录"和"当前页"，表示当移动控制点时按何种规律移动。其中"所有记录"表示从某个记录的最后一个字段移到下一条记录；"当前记录"表示从某个记录的最后一个字段移到该记录的第一个字段；"当前页"表示从某个记录的最后一个字段移到当前页中的第一条记录。

4.3.3　常用控件的设计

开启 Access 提供的"控件向导"功能，可以更便捷地创建控件。但在窗体上添加控件后，常常还需要在"设计视图"中对控件属性进行某些设置。下面将介绍常用控件的创建方法。

本节所有例题中使用的控件，均处于"使用控件向导"选中状态下（系统默认）。如果想修改"使用控件向导"状态，则单击控件组的"其他"按钮，再单击弹出的"使用控件向导"命令即可。

窗体控件—标
签和文本框
（视频）

1. 标题、标签控件

标签控件是在窗体或报表中用来显示说明性的文本，该控件不能接收数据，也不能用来显示字段或表达式的值。标签既可独立使用，也可作为字段说明附加到其他显示字段的控件上，在创建除标签外的其他控件时，都将同时创建一个标签（称为附加标签）附加到该控件上，用以说明该控件的作用，如图 4-50 所示。

图 4-50　标签和文本框控件

标题控件实质上就是标签，它用于创建窗体标题。在"设计视图"中创建窗体时，如果以某个名称对窗体进行过保存后，再添加标题，则自动地以该窗体的名称作为标题，还可以使标题的字号采用默认的大小，使用标题控件可以快速地完成窗体标题的创建。

2. 文本框控件

文本框控件是一个交互性控件，能输入数据，也能显示某个表或查询中的数据。文本框分为三种类型：绑定型、未绑定型和计算型。绑定型文本框链接到表或查询，用来显示所需字段的内容；未绑定型文本框用来显示提示信息或接受用户输入的数据等；计算型文本框用来显示表达式的结果，如图 4-50 所示。

【例 4-11】　创建如图 4-50 所示的窗体，窗体的记录源是 TeacherInfo。要求：页面页眉上显示"湖南工业大学"字样（其中颜色是红色，字号是 26 磅，字体为隶书）；窗体上要统计出总人数。

分析：窗体页眉标题可以利用标题按钮完成；页面页眉上说明文字"湖南工业大学"可以用标签控件实现；统计人数可以利用计算型文本框完成。

基本操作步骤如下：

（1）进入窗体"设计视图"。打开数据库，单击"创建"选项卡下"窗体"组中的"窗体设计"按钮，进入窗体"设计视图"，如图 4-51 所示。

（2）设置窗体记录源。单击"设计"选项卡下"工具"组中的"属性表"按钮，调出"属性表"窗口。单击"属性表"窗口中的"数据"或"全部"选项卡，单击"记录源"属性右侧的下拉列表按钮，选择"TeacherInfo"，如图 4-52 所示。

图 4-51 窗体"设计视图"

图 4-52 设置窗体记录源

（3）设置标题。单击"设计"选项卡"页眉/页脚"组中的"标题"按钮 ⌷ 。此时，窗体添加了窗体页眉/页脚两个节，并在窗体页眉中出现了一个标签，然后在标签"属性表"窗口中找到标题属性，将其属性值修改成"教师基本信息表"，如图 4-53 所示。

图 4-53 设置标题

（4）添加页面页眉中的说明性文字。在窗体的空白处右击，在弹出的快捷菜单中选择"页面页眉/页脚"命令，窗体上添加了页面页眉和页面页脚两个节。再单击"设计"选项卡下"控件"组中的"标签"按钮 Aa，将鼠标移到窗体页面页眉中，此时鼠标指针变为 ᴬ 形状，按住左键拖动鼠标绘制标签，然后松开鼠标，并在光标所在处输入"湖南工业大学"并按回车键，最后单击其"属性表"的"格式"选项卡，按题目要求依次设置完字体、字号及前景色，结果如图 4-54 所示。

（5）将字段添加到主体节中。单击"设计"选项卡下"工具"组中的"添加现有字段"按钮 ▦ ，调出"字段列表"窗格。依次双击或拖动"TeacherNo"、"TeacherName"、"Sex"、"DepNo"和"Salary"字段到主体节中，如图 4-55 所示。

（6）设置窗体页脚。单击"设计"选项卡"控件"组中的"文本框"按钮 ⓐⓑ，将鼠标移到窗体中，此时鼠标指针变为 ⁺ⓐⓑ 形状，按住左键并拖动鼠标在窗体页脚节中绘制文本框，然后松开鼠标，在弹出的"文本框向导"对话框中，单击"取消"按钮。双击新增的附加标签，调出"属性表"，将其"标题"改成"总人数："，如图 4-56 所示。双击新增的文本

图 4-54　设置标签

图 4-55　将字段添加到主体节中

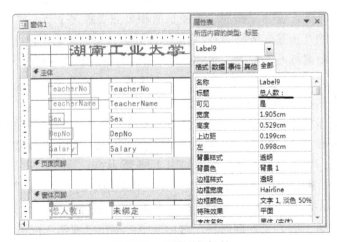

图 4-56　设置附加标签

框，调出"属性表"，将其"名称"属性改成"教师人数"，"控件来源"改成"=Count（*）"，如图 4-57 所示。

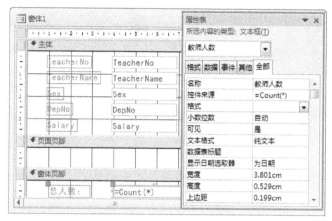

图 4-57 设置计算型文本框

（7）美化窗体。回到窗体"设计视图"中，适当调整各节及各控件的大小及位置，如图 4-50 所示。

（8）查看结果。将视图切换到窗体视图中，查看窗体完成效果，如图 4-51 所示。

（9）保存。将窗体以"教师信息"文件名进行保存。

如果想要以数据表方式显示数据，可单击"视图"组中的"视图"下拉列表按钮，在打开的列表中选择"数据表视图"即可。

3. 复选框、切换按钮、选项按钮及选项组控件

复选框、切换按钮和选项按钮作为单独的控件用来显示表或查询中的"是/否"值。当选中复选框或选项按钮时，设置为"是"，如果未选中则设置为"否"。对于切换按钮，如果单击"切换按钮"，其值为"是"，否则为"否"。

选项组控件可包含多个切换按钮、单选按钮或复选框。选项组控件实际上是框架和切换按钮、单选按钮或复选框的组合。框架起分组的作用，并在窗体上显示一个方框，方框内部显示组中的控件，如图 4-36 所示。

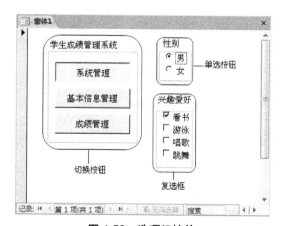

图 4-58 选项组控件

"选项组"可以用向导来添加，也可以在窗体"设计视图"中添加。

【例4-12】 在窗体"设计视图"中，添加一个"性别"选项组。

基本操作步骤如下：

（1）打开数据库，单击"创建"选项卡下"窗体"组中的"窗体设计"按钮 ，进入窗体"设计视图"。

（2）单击"设计"选项卡"控件"组中的"选项组"按钮 ，将鼠标移到窗体主体节合适的位置上，此时鼠标指针变成 形状，按下左键拖动绘制选项组区域。

（3）弹出"选项组向导"第一个对话框，在"请为每个选项指定标签"文本框中，输入标签名称"男"和"女"，如图4-59所示。

（4）单击"下一步"按钮，弹出"选项组向导"第二个对话框，在"请确定是否使某选项成为默认选项"选项中，本例保持默认值，如图4-60所示。

图4-59 "选项组向导"第一个对话框
为选项指定标签

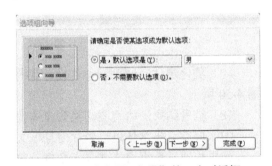

图4-60 "选项组向导"第二个对话框
确定默认选项

（5）单击"下一步"按钮，弹出"选项组向导"第三个对话框，在"请为每个选项赋值"选项中保持默认设置，如图4-61所示。

（6）单击"下一步"按钮，弹出"选项组向导"第四个对话框，在"请确定对所选项的值采取的动作"选项中保持默认设置，如图4-62所示。

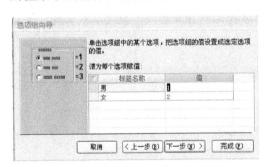

图4-61 "选项组向导"第三个对话框
为选项赋值

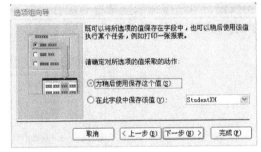

图4-62 "选项组向导"第四个对话框
确定对所选项的值采取的动作

（7）单击"下一步"按钮，弹出"选项组向导"第五个对话框，在"请确定在选项组中使用何种类型的控件"中选择所需的控件类型及样式，这里选"选项按钮"及"蚀刻"，如图4-63所示。

（8）单击"下一步"按钮，弹出"选项组向导"第六个对话框，在"请为选项组指定标题"文本框中输入"性别"，如图 4-64 所示。

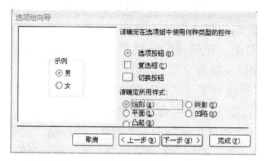

图 4-63　"选项组向导"第五个对话框
确定选项组中控件的类型的样式

图 4-64　"选项组向导"第六个对话框
为选项组指定标题

（9）单击"完成"按钮，返回窗体"设计视图"界面，将视图切换到窗体视图，结果如图 4-65 所示。

4. 组合框控件和列表框控件

列表框控件用来显示值或选项的列表，用户只能选择列表框中提供的选项，而不能在列表框中键入值。组合框控件是列表框控件和文本框控件功能的组合，既可从列表中选择值，也可以在文本框中输入不在列表中的值。一般情况下，若在窗体中输入的数据是提取于某个表或查询中的数据，在这种情况下，应该使用组合框或列表框控件，这样做既可保证输入数据的正确性，又可提高输入数据的效率，如图 4-66 所示。

窗体控件—列
表框和组合框
（视频）

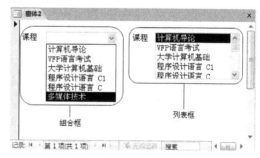

图 4-65　选项组创建后的结果

图 4-66　组合框和列表框控件

组合框或列表框分为两种：绑定型和未绑定型。若要把组合框中选择的值保存在表的字段中，就创建绑定型的组合框；若要使用组合框中选择的值来决定其他控件的内容，则应创建未绑定型的组合框。

【例 4-13】　创建如图 4-67 所示的用户登录窗体，其中用户名来自教师信息表。

分析：窗体页眉中的文字可以通过标签按钮来实现，"输入用户名"设置是通过"使用组合框查阅表或

图 4-67　用户登录窗体

查询中的值"的未绑定型组合框实现的,而"输入密码"设置是由文本框来实现的。

基本操作步骤如下:

(1)打开数据库,进入窗体"设计视图"。打开"学生成绩管理系统"数据库,单击"创建"选项卡"窗体"组中的"窗体设计"按钮,进入窗体"设计视图"。

(2)调出窗体页眉/页脚节。在窗体空白处右击,在弹出的快捷菜单中选择"窗体页眉/页脚"命令,此时窗体上添加了窗体页眉和窗体页脚两个节。

(3)设计窗体页眉中的文字。单击"设计"选项卡下"控件"组中的"标签"按钮,在窗体页眉中绘制标签,并将其"标题"属性值设置为"学生成绩管理系统"。

(4)绘制组合框并设置获取数据的方式。单击"设计"选项卡下"控件"组中的"组合框"按钮,在主体节中显示组合框控件的位置单击,弹出"组合框向导"第一个对话框,选择获取数值的方式,即选中"使用组合框获取其他表或查询中的值",如图 4-68 所示。

(5)设置组合框数据来源。单击"下一步"按钮,在弹出的"组合框向导"第二个对话框中,选择"表:TeacherInfo",如图 4-69 所示(说明:如果数据来源不是表,则一定要先修改对话框下方的"视图"选项)。

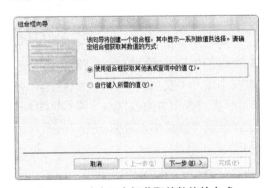

图 4-68　确定组合框获取其数值的方式　　　　图 4-69　选择为组合框提供数值的表

然后单击"下一步"按钮,在"组合框向导"第三个对话框中将"TeacherName"移至"选定字段"列表框中作为组合框数据来源。单击"下一步"按钮,在弹出的"组合框向导"第四个对话框中选择"TeacherName"字段作为排序字段,设置列的宽度。

(6)设置组合框附加标签的显示标题为"输入用户名:",单击"完成"按钮完成向导设置。

(7)利用文本框设计完成输入密码框。完成后的"设计视图"如图 4-70 所示。

(8)保存窗体。

思考:若输入的每个密码字符用*替代,应该怎么操作?

【例 4-14】　创建如图 4-71 所示的窗体,用于显示学生的学号、姓名、性别和班级号信息,要求"性别"字段用组合框表示,"班级号"字段用列表框表示。

基本操作步骤如下:

(1)打开数据库,单击"创建"选项卡下"窗体"组中的"窗体设计"按钮,进入窗体"设计视图",修改窗体的"记录源"属性为"StudentInfo",打开"字段列表"窗格,将"StudentNo"和"StudentName"字段添加到主体节中,并依次修改其附加标签"标题"

图 4-70 用户登录窗体"设计视图"

图 4-71 组合框和列表框例题

为学号、姓名。

（2）单击"设计"选项卡下"控件"组中的"组合框"按钮，在窗体"主体"节的适当位置单击，弹出"组合框向导"第一个对话框，选择获得数据的方式，即选中"自行键入所需的值"单选按钮，如图 4-72 所示。

（3）单击"下一步"按钮，在打开的"组合框向导"第二个对话框中输入组合框要显示的值"男"和"女"，如图 4-73 所示。

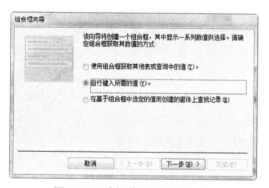

图 4-72 选择获得数据的方式

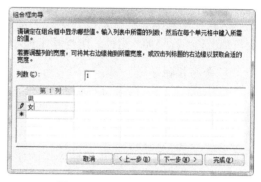

图 4-73 设置组合框显示值

（4）单击"下一步"按钮，在打开的"组合框向导"第三个对话框中选择"将该数值保存在这个字段中"，在后面的组合框中选择"Sex"字段，如图 4-74 所示。

（5）单击"下一步"按钮，打开"组合框向导"第四个对话框，在"请为组合框指定标签"文本框中输入"性别"，如图 4-75 所示。最后单击"完成"按钮。

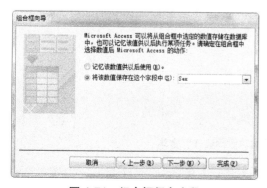

图 4-74 组合框保存字段

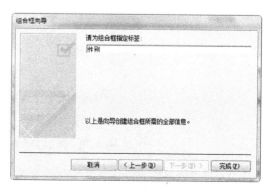

图 4-75 设置组合框标签

（6）关闭"使用控件向导"，单击"设计"选项卡 "控件"组中的"列表框"按钮 ，在窗体主体节的适当位置单击。修改列表框的附加标签"标题"属性为"班级号"。双击列表框控件，在其"属性表"对话框中修改"数据"选项卡的"控件来源"属性为"ClassNo"，"行来源类型"属性为"表/查询"，"行来源"属性输入 SQL 语句"SELECT DISTINCT ClassNo FROM StudentInfo;"，如图 4-76 所示。

（7）此时，窗体"设计视图"如图 4-77 所示。若将其切换到窗体视图，则如图 4-71 所示。

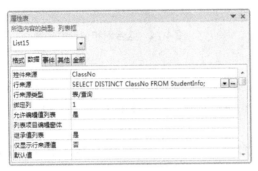

图 4-76　列表框属性设置

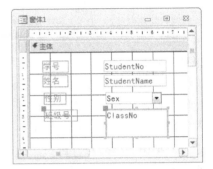

图 4-77　组合框和列表框例题"设计视图"

注意：组合框和列表框绑定字段的属性设置方法相似，都要设置"控件来源"、"行来源类型"和"行来源"属性。请查看本题中，组合框控件这三个属性的值。

5. 命令按钮

在 Access 中，可以通过创建命令按钮来完成一些编辑或对窗体进行切换等的操作，如"打开窗体"、"保存"和"删除记录"等。命令按钮有 6 种类型：记录导航、记录操作、窗体操作、报表操作、应用程序和杂项。使用命令按钮向导可以创建各种操作的命令按钮。

窗体控件—命令按钮（视频）

【例 4-15】 修改"教师信息"窗体，改后其窗体视图如图 4-78 所示。具体要求如下：

图 4-78　添加了命令按钮的"教师信息"窗体

① 在"教师信息"窗体距窗体页脚左边 0.1cm、上边 0.2cm 处，依次水平放置 5 个命令按钮，分别是"添加记录"（名为"C1"）、"保存记录"（名为"C2"）、"前一项记录"（名

为"C3")、"下一项记录"（名为"C4"）和"退出"（名为"C5"），命令按钮高度为 0.7cm，其中 C1 和 C2 的宽度为 2cm，C3 和 C4 的宽度为 2.4cm，C5 的宽度为 1.2cm，每个命令按钮相隔 0.3cm。

② 调整窗体页脚节中 5 个按钮的 Tab 次序，将 C3，C4 调到 C1，C2 的前面。

③ 取消窗体的记录导航。

操作步骤如下：

（1）打开数据库，右击导航窗格中的"教师信息"窗体，在弹出的快捷菜单中选择"设计视图"命令。

（2）单击"设计"选项卡下"控件"组中的"（命令）按钮" ，在窗体页脚节的适当位置单击，打开"命令按钮向导"第一个对话框。先在"类别"列表中选择"记录操作"，然后在"操作"列表中选择"添加新记录"，如图 4-79 所示。

（3）单击"下一步"按钮，在打开的"命令按钮向导"第二个对话框中，选择"文本"单选按钮，如图 4-80 所示。

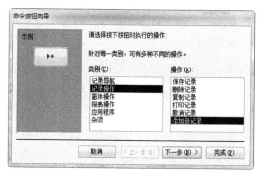

图 4-79　"命令按钮向导"第一个对话框
选择操作动作

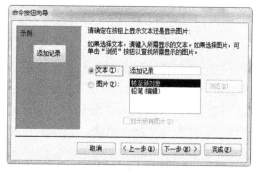

图 4-80　"命令按钮向导"第二个对话框
确定按钮形式

（4）单击"下一步"按钮，在打开的"命令按钮向导"第三个对话框中，将命令按钮命名为 C1，单击"完成"按钮。第一个命令按钮创建完成。

（5）用同样的方法创建其他 4 个命令按钮，如图 4-81 所示。

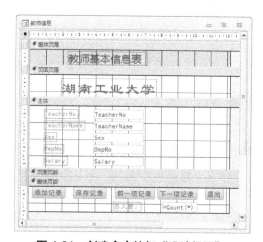

图 4-81　创建命令按钮"设计视图"

（6）双击第一个命令按钮（C1）调出其"属性表"窗格，单击"格式"或"全部"选项卡按要求设置宽度2cm，高度0.7cm，上边距0.2cm，左0.1cm（注：这里的"左"指左边距）。

图4-82 修改C1命令按钮属性

（7）用同样的操作方法完成其他4个命令按钮的相关属性值修改，另4个按钮的高度和上边距与C1相同。其中，C2设置宽度2cm，左2.4cm；C3设置宽度2.4cm，左4.7cm；C4设置宽度2.4cm，左7.4cm；C5设置宽度1.2cm，左10.1cm。

（8）在窗体页脚上右击，在弹出的快捷菜单中选择"Tab键次序"命令，打开"Tab键次序"对话框。在"自定义次序"列表中通过拖动各行来调整Tab键的次序，设置结果如图4-83所示，单击"确定"按钮即可。

图4-83 "Tab键次序"对话框设置Tab键次序

（9）双击窗体选择器，弹出"属性表"窗格。单击"格式"选项卡，将"记录导航"属性设置为"否"。

（10）单击状态栏右下角的"窗体视图"按钮，将视图切换到"窗体视图"，可看到命令按钮的效果如图4-78所示。

6. 使用选项卡控件

利用选项卡控件，可以将不同的内容摆放在不同的页上。若要查看选项卡上的内容，只需单击相应的页即可。

【例 4-16】 创建一个如图 4-84 所示的窗体，窗体中包含两页内容：学生信息和学生成绩，可以根据学生信息在学生成绩中查看其相应的成绩，实现一对多的查询。

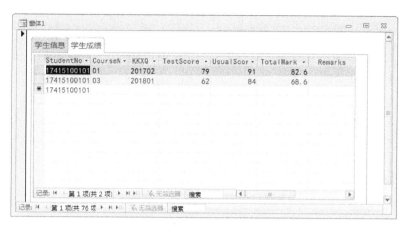

图 4-84 有关选项卡的窗体

基本操作步骤如下：

（1）打开"学生成绩管理系统"数据库，单击"创建"选项卡下"窗体"组中的"窗体设计"按钮，进入窗体"设计视图"。

（2）单击"设计"选项卡"工具"组中的"属性表"按钮，将窗体的"记录源"属性设置为"StudentInfo"。

（3）单击"设计"选项卡"控件"组中的"选项卡控件"按钮 ，按住鼠标左键在主体节中绘制一个矩形，即添加选项卡控件。调整控件的大小及位置，如图 4-85 所示。

（4）右击"页 1"选项卡标签，在弹出的快捷菜单中选择"属性"命令，打开"属性表"窗格。在"格式"或"全部"选项卡下的"标题"属性后的文本框中输入"学生信息"，如图 4-86 所示。

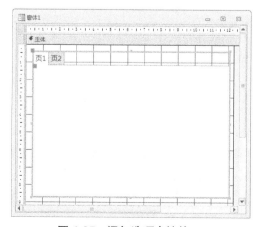

图 4-85 添加选项卡控件

图 4-86 设置选项卡标签标题

（5）右击"页2"选项卡，在弹出的快捷菜单中选择"属性"命令，在打开"属性表"窗格的"标题"属性后的文本框中输入"学生成绩"，设置后的效果如图4-87所示。

（6）切换到"学生信息"选项卡，单击"设计"选项卡下"工具"组中的"添加现有字段"按钮 🔢，打开"字段列表"窗格。拖动"StudentInfo"表的展开列表下的"StudentNo"、"StudentName"、"ClassNo"和"Sex"字段到选项卡控件设计区域中，如图4-88所示。

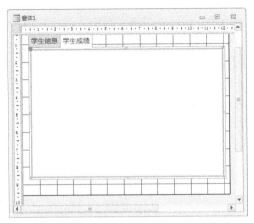

图4-87　页标题设置后的选项卡窗体

图4-88　拖动字段到控件设计区域

（7）选中"学生成绩"选项卡，将导航窗格中的"StudentScore"表拖动到"学生信息"页中，弹出"子窗体向导"第一个对话框。

（8）在打开的"子窗体向导"第一个对话框中，保持默认设置，如图4-89所示。

（9）单击"下一步"按钮，在打开的"子窗体向导"第二个对话框中，输入子窗体名称"学生成绩子窗体"，如图4-90所示。

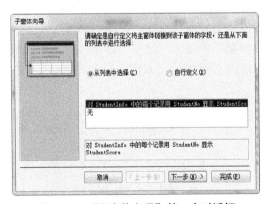

图4-89　"子窗体向导"第一个对话框

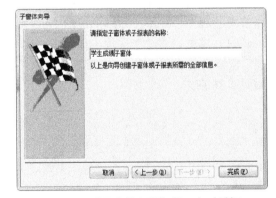

图4-90　"子窗体向导"第二个对话框
指定子窗体名称

（10）单击"完成"按钮，返回"设计视图"界面，将子窗体的附加标签"学生信息子窗体"删除，适当调整子窗体的大小、位置及宽度，调整后的结果如图4-91所示。

（11）将窗体视图切换到"窗体视图"，在"学生信息"页中显示学生信息，单击"学生成绩"页，则显示该学生的所有成绩（多条记录），如图4-84所示。

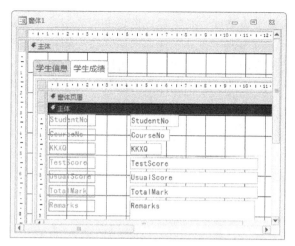

图 4-91　添加了子窗体的窗体

4.4　美化窗体

美化窗体
（视频）

　　创建简单窗体后，经常要对窗体布局进行设计，对控件进行调整，以体现出窗体对象操作灵活、界面美观等特点。美化窗体主要包括设置窗体的外观和调整控件的显示。除了通过设置窗体的格式属性值来美化窗体，还可以通过主题应用、添加图片、调整布局、使用条件格式和设置格式等方法来美化窗体。

4.4.1　主题的应用

　　"主题"是美化窗体的一种快捷方法，它是一套统一的设计元素和配色方案，使数据库中的所有窗体具有统一的色调。Access 2010 提供了 44 套主题供用户选择。

　　主题的设置基本操作步骤如下：

　　（1）打开数据库，用"设计视图"打开任意一个窗体。

　　（2）单击"设计"选项卡下"主题"组中的"主题"按钮 ，打开"主题"列表。

　　（3）双击所需的主题即可。

　　可以看到，窗体页眉节的背景颜色发生了变化。此时，打开其他窗体，会发现所有窗体的外观均发生了变化，且外观的颜色一致。

4.4.2　条件格式使用及表格式窗体的快速实现

　　在数据库的实际应用中，常常需要对某些数据显示做些特别标记，如成绩不及格设置红色字体作为特别提醒，而这些可以通过设置字段的"条件格式"来实现。"条件格式"是指当字段中的数据符合设置的条件时，可以显示不同的格式。

　　创建窗体的方法有很多，且各有特色，但很多时候用户还是习惯采用窗体"设计视图"来手动创建窗体。采用窗体"设计视图"创建的窗体默认是纵栏式窗体，可是用户对某些用于数据显示的窗体习惯于表格式。把纵栏式窗体变成表格式，常见的做法是在窗体"设计视图"下先选中字段，再单击"设计"选项卡下"表"组中的"表格"按钮，然后再按需要调整控件的大小及位置，最后将窗体的默认视图属性改成"连续显示"即可。

【例 4-17】 对"教师信息"窗体进行以下修改：①添加工龄控件，工龄是通过工作时间计算得到的。②设置工龄数小于 10 的用黄色底纹，大于或等于 30 的用红色字体显示。③删除页面页眉/页脚节，并将窗体布局变成表格式并连续窗体显示，结果如图 4-92 所示。④将窗体另存为文件名"例 4-17 教师信息"。

图 4-92 修改后教学信息窗体

基本操作步骤如下：

（1）打开"学生成绩管理系统"数据库，然后进入"教师信息"窗体的"设计视图"。

（2）单击"设计"选项卡下"控件"组中的"文本框"按钮，在主体节的合适位置单击，打开"文本框按钮向导"第一个对话框，本例不需要用向导，单击"取消"按钮。修改文本框附加标签"标题"为"工龄"，将文本框的"名称"改成"workage"，在"控件来源"处输入"=Year（Date()）-Year（[WorkTime]）"，如图 4-93 所示。

图 4-93 设置文本框属性

（3）选中主体节中的"workage"文本框，如图 4-94 所示。单击"格式"选项卡下"控件格式"组中的"条件格式"按钮，弹出"条件格式规则管理器"对话框。

图 4-94 选择"workage"文本框

（4）在弹出的"条件格式规则管理器"对话框中，单击"新建规则"按钮，弹出"编辑格式规则"对话框。在"选择规则类型"下选中"检查当前记录值或使用表达式"，在"编辑规则描述"下的"字段值"保持默认，单击"介于"右侧的下拉按钮，在弹出的下拉列表中选择"小于"，然后在右边的文本框中，输入数值 10。再单击对话框中的"背景色"按钮右侧的下拉按钮，弹出"颜色"面板，选择"黄色"，如图 4-95 所示。这样便设置了"规则 1"，表示字段值（workage）小于 10 的底纹颜色为黄色。

图 4-95 "编辑格式规则"对话框设置底纹

（5）单击"确定"按钮，返回"条件格式规则管理器"对话框。单击"新建规则"按钮，弹出"编辑格式规则"对话框。设置"规则 2"的信息如下："字段值"为"大于或等于 30"，"字体颜色"为"红色"，单击"确定"按钮，返回"条件格式规则管理器"对话框，如图 4-96 所示。再次单击"确定"按钮，返回"设计视图"界面。

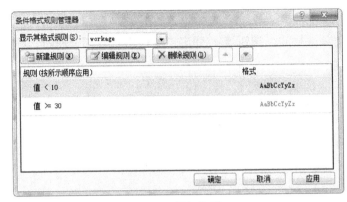

图 4-96　添加规则 2

（6）在窗体空白处右击，在弹出的快捷菜单中选择"页面页眉/页脚"命令，在弹出的对话框中单击"是"按钮确认删除这两节。

（7）选中主体节中所有的控件，单击"排列"选项卡下"表"组中的"表格"按钮 ，然后调整各节、各控件的位置及大小，结果如图 4-97 所示。

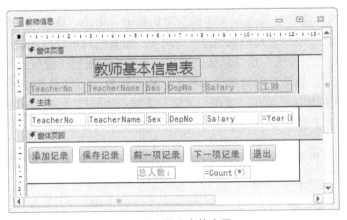

图 4-97　修改窗体布局

（8）调出窗体属性表，将其"默认视图"属性改成"连续窗体"，如图 4-98 所示。

图 4-98　设置窗体属性

（9）单击"文件"选项卡，再单击"对象另存为"，弹出"另存为"对话框，输入的文件名为"例 4-17 教师信息"，如图 4-99 所示，单击"确定"按钮。

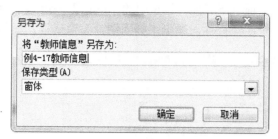

图 4-99 "另存为"对话框

（10）单击"开始"选项卡"视图"组的"视图"下拉列表中的"窗体视图"，将视图切换到"窗体视图"，结果如图 4-92 所示。

4.4.3 在窗体中添加图片

在窗体中添加图片有两种方法：通过添加"图像"控件，再设置"图像"控件的"图片"属性值为相应的图片文件；通过窗体的"图片"属性添加图片。其中前一种方法比较简单。

【例 4-18】 设计如图 4-100 所示的"学生成绩管理系统"窗体。

图 4-100 "学生成绩管理系统"窗体

基本操作步骤如下：

（1）打开"学生成绩管理系统"数据库，单击"创建"选项卡下"窗体"组中的"窗体设计"命令，创建一个窗体。在窗体的"属性表"窗格中，设置"记录选择器"属性为

"否"。在快捷工具栏上单击"保存"按钮，在弹出的对话框中，输入窗体名称为"学生成绩管理系统"。

（2）单击"设计"选项卡下"控件"组中的"图像"按钮 ，在主体节中画出一个大小适当的矩形，添加一个图像控件，弹出"插入图片"对话框，如图 4-101 所示。

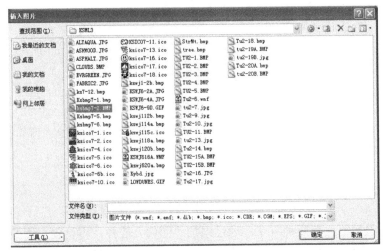

图 4-101　"插入图片"对话框

（3）在弹出的"插入图片"对话框中，选择图片文件，单击"确定"按钮。在窗体中可看到所插入的图片，如图 4-102 所示。

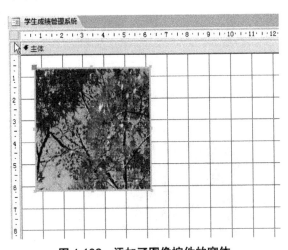

图 4-102　添加了图像控件的窗体

（4）调整"图像"控件的大小及位置，在图像的"属性表"窗格中，设置"缩放模式"属性为"拉伸"。

（5）单击"设计"选项卡下"页眉/页脚"组中的"标题"按钮，这时在自动添加的窗体页眉/页脚节中，同时自动添加了窗体的标题"学生成绩管理系统"，双击窗体标题控件，在打开的"属性表"窗格中，设置"字体名称"为"隶书"。单击"前景色"属性右侧的 按钮，打开"调色板"，选择所需的颜色，如图 4-103 所示。

（6）单击"设计"选项卡下"页眉/页脚"组中的"徽标"按钮 ，打开"插入图片"对话框。选择徽标图片，然后单击"确定"按钮，添加徽标的效果如图 4-104 所示。

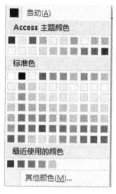

图 4-103　调色板

图 4-104　添加徽标的效果

（7）单击"设计"选项卡下"控件"组中的"矩形"按钮 ，在主体节的"图像"控件右边画出一个大小适当的矩形控件。

（8）在"矩形"控件中，使用"按钮"控件依次添加 4 个命令按钮。命令按钮的功能如图 4-100 右侧标题所示。

（9）单击"设计"选项卡下"控件"组中的"直线"按钮，在主体节的上部和下部画两条直线，并将上面的那条直线的"特殊效果"属性设置为"凸起"。

（10）单击工具栏上的"保存"按钮，保存窗体。

4.4.4　控件外观调整

在窗体设计过程中，经常要对其中的控件进行调整。调整操作包括位置、大小、外观、颜色、字体、特殊效果等的调整。

1. 选择对象

要调整对象，首先要选定对象，再进行操作。在选择对象后，对象四周出现 6 个黑色方块（称为控制柄），其中左上角的控制柄由于作用特殊，因此比较大。使用控制柄可以调整对象的大小，移动对象的位置。选定对象操作如下：

（1）选择一个对象。单击该对象。

（2）选择多个（不相邻）对象。按住 Shift 键，再用鼠标分别单击每个对象。

（3）选择多个（相邻）对象。从空白处拖动鼠标左键拉出一个虚线框，所包围的部分全部选中。

（4）选择所有对象。按下 Ctrl+A 组合键。

（5）选择一组对象。在垂直标尺或水平标尺上按下鼠标左键，这时出现一条竖直线（或水平线），松开鼠标后，直线所经过的控件全部被选中。

2. 移动对象

移动对象有两种方法：鼠标和键盘。

（1）使用鼠标。

① 同时移动控件和附加的标签。大多数控件都有附加的标签，这些控件和标签是相互关联在一起的。移动这些控件时，附加的标签会一起移动。当把鼠标放在控件左上角控制柄之外的其他位置时，会出现垂直的十字箭头，如图 4-105 所示。这时拖动鼠标，就会拖动两个对象一起移动。

② 移动一个控件。如果要移动相互关联的控件中的一个，把鼠标放在控件左上角的控制柄处，会出现垂直的十字箭头，这时拖动鼠标就可以单独移动所选中的控件了，如图 4-106 所示。

图 4-105　同时移动控件和附加标签的鼠标位置

图 4-106　单独移动一个控件或一个
附加标签的鼠标位置

（2）使用键盘。先选中要移动的一个或一组对象，按住 Ctrl+←/→键左右移动；按住 Ctrl+↑/↓键上下移动。使用键盘移动时，同时移动控件和附加标签，可以达到精细的位置调整。

3．调整大小

（1）用鼠标拖动方式设置控件大小。选中对象后，将鼠标置于对象的控制柄上，当鼠标变成双向箭头时拖动，可以改变对象的大小。当选中多个对象时，拖动则同时改变多个对象的大小。

（2）使用属性设置对象的大小和位置。打开控件的"属性表"窗格，在"格式"选项卡的"宽度"、"高度"、"左"和"上边距"文本框中，输入具体的数值，如图 4-107 所示。

图 4-107　在"属性表"窗格中设置对象的大小和位置

（3）使用键盘来调整对象的大小。选定对象后，按住 Shift+←/→键，横向缩小或放大；按住 Shift+↑/↓键，纵向缩小或放大。

4．对齐设置

当窗体中有多个控件时，使用鼠标拖动或键盘移动来对齐控件是常用方法，但是这种方法不仅效率低，而且还难以达到理想的效果。对齐控件的最快捷方法是使用系统提供的

"调整大小和排序"命令，具体基本操作步骤如下：

选定需要对齐的多个控件，单击"排列"选项卡"调整大小和排序"组中的"对齐"按钮，在弹出的下拉菜单中选择一种对齐方式，如图 4-108 所示。

5. 间距调整

调整多个控件之间水平和垂直间距最简便的方法同样是使用"排列"选项卡"调整大小和排序"组中"大小/空格"按钮下的"间距"中的命令，如图 4-109 所示。

图 4-108　选择控件对齐方式　　　　图 4-109　调整对象间距的命令

6. 外观设置

窗体的外观包括对象的前景色、背景色、字体、大小、字型、边框、特殊效果等多个格式属性。通过设置格式属性就可以修饰控件的外观。

◇◆◇　本章小结　◇◆◇

本章介绍了窗体的概念、窗体的功能及分类、窗体的 6 种视图；详细介绍了创建各种窗体的一般方法及创建子窗体等知识；介绍了常用控件的功能及添加方法、窗体和控件的属性设置方法；同时介绍了通过设置窗体的外观和调整控件的显示来美化窗体的方法。学习本章后，可通过对窗体和控件属性的设置，创建出操作灵活以及界面美观的窗体。

◇◆◇　知识结构图　◇◆◇

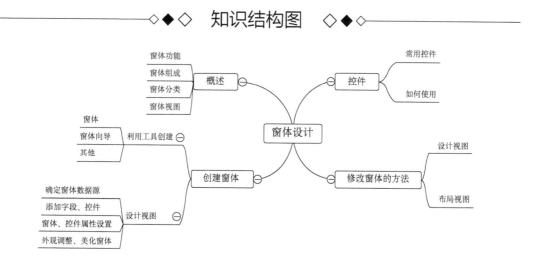

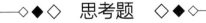
◇◆◇ 思考题 ◇◆◇

1. 简述窗体的作用。

2. Access 的窗体对象是什么？按其应用功能的不同，将 Access 窗体对象分为哪几类？

3. 什么是窗体控件？试述不少于 5 种窗体控件的作用及使用方法。

4. 简述窗体的数据源有哪几类。

第 5 章　报表

第5章　章节导读（视频）

 学习目标

1. 理解报表的概念、功能、分类及报表的视图模式。
2. 熟练掌握创建报表、分组报表及子报表的常用方法。
3. 掌握设置报表属性的方法。
4. 掌握报表数据的计算方法。
5. 掌握美化报表的方法。

在 Access 中，表可以存储数据，而查询可以实现对数据的关系运算，窗体则用于提供一个友好的人机交互界面，而完成数据输出则常常由报表来实现。报表是 Access 的一个重要对象。报表可以将数据库中的数据以格式化的形式显示和打印输出。报表的数据来源与窗体相同，可以是表、查询或 SQL 语句，但报表只能查看数据，不能修改或输入数据。

5.1　报表概述

报表是将数据库中的数据通过打印机输出和展示的有效方式，是 Access 数据库的六大对象之一。报表的主要功能包括：可以以格式化形式输出数据；可以在报表中添加汇总、统计计算、图片和图表等。

窗体和报表都可以显示数据，窗体的数据显示在窗口中，而报表的数据还可以打印在纸上。建立报表和建立窗体的过程基本相同，窗体可以与用户进行信息交互，主要用于输入、编辑数据，而报表中的数据只能浏览，主要用于打印输出数据。在创建报表之前，应先了解报表的组成、类型和视图等基础知识。

报表功能及组成结构（视频）

5.1.1　报表的组成

在 Access 中，报表与窗体的组成相似，也是由节组成的，每个节中都可以放多种控件，其中主体节是必不可少的，另外 4 个基本节是报表页眉节、页面页眉节、页面页脚节和报表页脚节，如图 5-1 所示。

由于在报表中，经常要对数据分组，所以有的报表还包括组页眉/组页脚节（称为子节）。在如图 5-2 所示的"学生成绩表"报表设计视图中，包含了"StudentNo"页眉和"StudentNo"页脚两个子节，子节可以不成对出现。

图 5-1　报表的组成

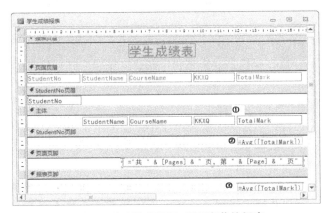

图 5-2　包括组页眉和组页脚节的报表

报表各节的作用、常见内容及位置如表 5-1 所示。

表 5-1　报表各节的作用、常见内容及位置

节　名	作用及常见内容	位　　置
报表页眉	显示对每条记录相同的信息，一般用来设置报表标题、报表使用说明或命令按钮等	出现在输出报表的首页顶部，只出现一次
页面页眉	每张打印页顶部都需要的信息，如列标题、页码等信息	出现在每页顶部，如果有报表页眉，则首页顶部是报表页眉，下方才是页面页眉
主体	每个报表必需的，用于显示一条或多条记录，内容通常是与记录源字段绑定的控件	出现在报表的主要正文位置
页面页脚	每张打印页底部都需要的信息，如日期或页码等信息	出现在每页底部
报表页脚	显示对每条记录都相同的信息，如总的汇总信息（求和、计数、平均值等）	出现在最后一条数据记录之后，位于输出报表最后一页的页面页脚节之上
组页眉	用于分组，其内容为分组依据的字段	出现在每组记录的最前面
组页脚	对于每组数据进行汇总（求和、计数、平均值等）	出现在每组记录的最后面

在 Access 报表中，控件所在的位置不同，效果是不一样的。如图 5-2 所示的"学生成绩表"报表是按学号分组显示和汇总所有学生成绩的统计报表，这个报表中包含有 3 个与"TotalMark"字段有关的绑定控件。

① 用于显示每个学生每门课程期评成绩的"TotalMark"控件，报表中默认的此控件名称为数据源中的字段名"TotalMark"，该控件放置在报表的"主体"节中。

② 用来汇总（本图是求平均值）每个学生所有课程期评成绩的"TotalMark"控件，报表中默认的控件名称为"AccessTotalsTotalMark"，控件来源是"=Avg（[TotalMark]）"。该控件放置在报表的"StudentNo"组页脚节（或组页眉节）中。

③ 用来汇总（本图是求平均值）所有学生所有课程期评成绩的"TotalMark"控件，

报表中默认的控件名称为"AccessTotalsTotalMark1",控件来源是"=Avg([TotalMark])"。该控件放置在报表的报表页脚节(或报表页眉节)中。

由此可见,虽然控件②和控件③的控件来源都一样,但由于控件所在位置不同,汇总的记录范围是完全不同的。控件②是求每个学生所有课程期评成绩的平均分,而控件③是求所有学生所有课程期评成绩的平均分。

在报表的设计视图中,右击,在弹出的快捷菜单中可设置增删"页面页眉/页脚"和"报表页眉/页脚"节。

5.1.2　报表的类型

在 Access 2010 中,根据报表布局通常分为这几种类型:表格式报表、纵栏式报表、标签式报表和图表式报表,下面分别介绍。

1. 表格式报表

表格式报表类似 Excel 的工作表,将数据以行和列显示,一条记录的所有字段显示在一行,一页显示多条记录。记录是水平显示的,字段名水平显示在报表页面页眉节中,字段内容水平显示在主体节中。在报表中可对一个或多个字段数据进行分组,在每个分组中执行汇总计算,如图 5-3 所示。

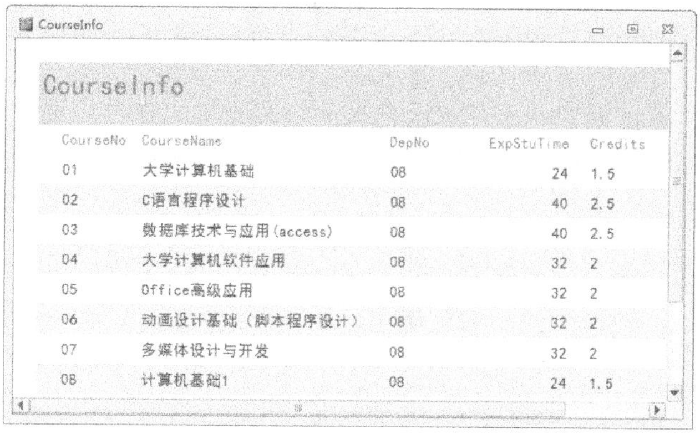

图 5-3　表格式报表

2. 纵栏式报表

纵栏式报表以列的方式显示每条记录,记录中的每个字段垂直显示,左侧显示字段名,右侧为字段内容,如图 5-4 所示。用户可在纵栏式报表中插入子报表,显示与当前记录有关的其他数据。

3. 标签式报表

标签是一种经常使用的特殊类型的报表。这里"标签"的意义与日常生活中购买的商品上所贴的"标签"的意义一致,标签式报表可以把每条记录相关信息汇聚到一起,如图 5-5 所示。

图 5-4　纵栏式报表

4. 图表式报表

图表式报表指在报表中以图表的方式显示数据，它采用图形的方式将数据间的关系形象地展示出来，如图5-6所示。

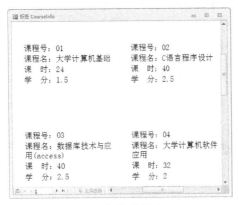

图 5-5　标签式报表

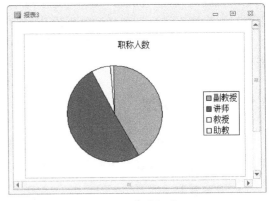

图 5-6　图表式报表

5.1.3　报表的视图

报表有 4 种视图，分别是设计视图、布局视图、打印预览视图和报表视图，下面分别介绍。

报表视图
（视频）

1. 设计视图

在设计视图中，可以创建报表或修改已有的报表结构。在该视图下，报表并没运行，所以不会显示报表数据。图 5-7 所示的是"课程信息表"的报表"设计视图"。

2. 布局视图

布局视图主要用于浏览数据和修改报表控件格式。布局视图下的报表与打印的结果不完全相同，但很接近，是一个直观的效果图。图 5-8 所示的是"课程信息表"的报表"布局视图"。

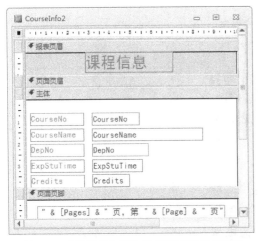

图 5-7　"课程信息表"的报表"设计视图"

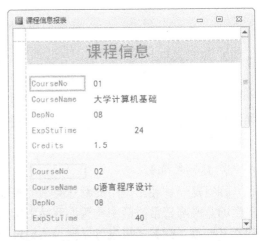

图 5-8　"课程信息表"的报表"布局视图"

3. 打印预览视图

打印预览视图能够显示报表在打印时的外观，在打印预览视图中，用户可以查看显示在报表上的每一页数据，也可以查看报表的版面设置。对于已创建多个列的报表，只有在打印预览视图中才可以查看到输出结果。图 5-9 所示的是"课程信息表"的报表"打印预览视图"。

4. 报表视图

报表视图是报表设计完成后的实际效果图。但在报表视图中不能显示多列报表的实际运行效果。图 5-10 所示的为"课程信息表"的报表"报表视图"。

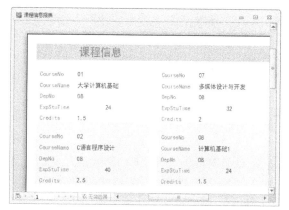

图 5-9　"课程信息表"的报表"打印预览视图"

图 5-10　"课程信息表"的"报表视图"

将报表的 4 种视图进行比较，结果如表 5-2 所示。

表 5-2　报表 4 种视图比较

视　图	是否运行报表	能否直观显示 多列报表	能否增加 报表控件	能否修改 报表控件	能否修改 报表的属性
设计视图	×	×	√	√	√
布局视图	√	×	部分	√	部分
打印预览视图	√	√	×	×	×
报表视图	√	×	×	×	×

5.2　创 建 报 表

Access 提供了多种创建报表的方式，如可以使用"报表"工具、"报表向导"工具、"空报表"工具、"报表设计"工具来创建报表，还可以用"标签"工具创建标签报表。

5.2.1　使用"报表"工具创建报表

使用"报表"工具可以立即生成报表，不需要用户进行任何设置操作。

使用"报表"工
具创建报表
（视频）

使用"报表"工具创建的报表包含来自一个数据源（表或查询）中的所有字段。一般情况下，用"报表"工具创建的报表为表格式报表。其操作方法为：先选数据源，再单击"创建"选项卡"报表"组中的"报表"按钮即可。

【例 5-1】　以"CourseInfo"表为数据源，使用"报表"工具创建如图 5-11 所示报表。

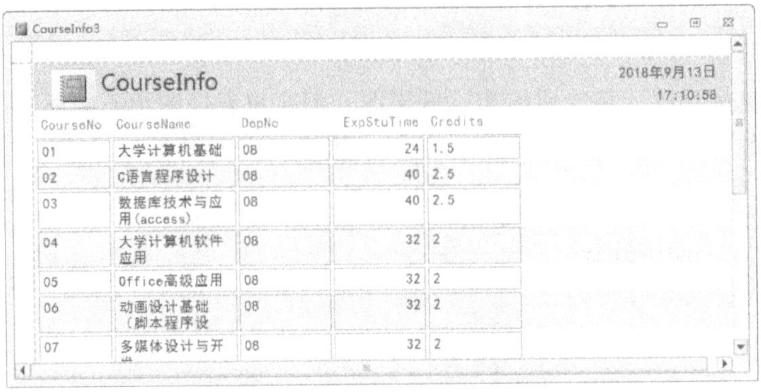

图 5-11　"报表"工具创建的报表

基本操作步骤如下：

（1）打开"学生成绩管理系统"数据库，在导航窗格中选择"CourseInfo"表。

（2）单击"创建"选项卡下"报表"组中的"报表"按钮，表格式报表立即创建完成，如图 5-11 所示。

说明：用"报表"工具创建的报表是表格式报表，此时 Access 进入"布局视图"，使用主窗口上面功能区的工具，可以对报表进行简单的编辑和修改。还可以根据需要调整报表布局，如单击需要调整列宽的字段，将光标定位在字段的分隔线上，光标形状变成"双箭头"，按住鼠标左键，左右拖动鼠标可调整显示字段的宽度。

5.2.2　使用"报表向导"工具创建报表

通过"报表向导"工具创建报表是一种常用的报表创建的方法。使用"报表向导"工具，用户可以选择在报表中显示哪些字段、指定数据的分组及排序方式，还可以选择报表的布局和样式。

使用"报表向导"创建报表（视频）

【例 5-2】　以"StudentScore"表为数据源，使用"报表向导"工具创建如图 5-12 所示的报表（本例按"CourseNo"字段分组）。

基本操作步骤如下：

（1）打开"学生成绩管理系统"数据库，单击"创建"选项卡下"报表"组中的"报表向导"按钮，打开"报表向导"第一个对话框，在"表/查询"下拉列表中，选择"表：StudentScore"选项，并将"可用字段"列表中所需字段添加到"选定字段"列表中，如图 5-13 所示。

（2）单击"下一步"按钮，打开"报表向导"第二个对话框。在"是否添加分组级别？"列表中，选择"CourseNo"选项，单击按钮，将需要的字段添加到右侧的视图中，如图 5-14 所示。

图 5-12　使用"报表向导"工具创建的学生成绩报表

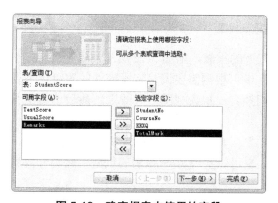

图 5-13　确定报表中使用的字段

图 5-14　添加分组字段

（3）单击"下一步"按钮，打开"报表向导"第三个对话框。在该对话框中确定报表记录的排序次序。这里选择按"StudentNo"升序排序，如图 5-15 所示。

（4）单击"下一步"按钮，打开"报表向导"第四个对话框，保持默认设置，如图 5-16 所示。

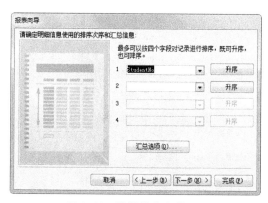

图 5-15　选择排序字段

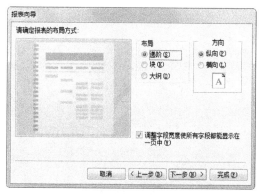

图 5-16　保持默认设置确定报表的布局方式

（5）单击"下一步"按钮，打开"报表向导"第五个对话框。在"请为报表指定标题："文本框中输入标题"按课程查看学生成绩"，选中"预览报表"单选项，如图5-17所示。

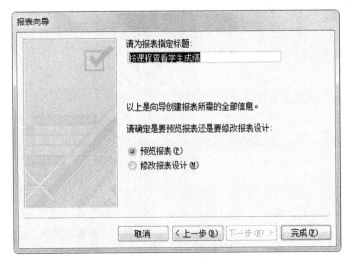

图5-17　确定报表标题

（6）单击"完成"按钮，打开"预览视图"下的报表，如图5-12所示。

如果报表设计不符合要求，在"设计视图"中可根据需要调整字段控件的宽度，使得在"报表视图"中能完全显示字段内容，然后切换到"报表视图"看效果。最后单击工具栏上的"保存"按钮，保存对报表所做的修改。

说明：在不分组的情况下，使用"报表向导"工具可以创建纵栏式和表格式报表。

若报表向导中的数据源是多个且有联系的，也可以实现主/子报表的创建，此部分内容将在后面介绍。

5.2.3　使用"空报表"工具创建报表

使用"空报表"工具可以创建表格式报表，使用"空报表"工具创建报表是一种比较灵活、方便的方式。

【例5-3】　利用"空报表"工具制作如图5-18所示的班级课程信息报表。

图5-18　班级课程信息报表

基本操作步骤如下：

（1）打开数据库。单击"创建"选项卡下"报表"组中的"空报表"按钮 ▯ ，进入"空白"报表的"布局视图"。

（2）单击右侧的"字段列表"窗格中的"显示所有表"命令，再双击"ClassCourse"表中的"ClassNo"、"ClassName"、"CourseName"、"TeacherName"和"KKXQ"字段，将其添加到报表主体节中，如图 5-19 所示。

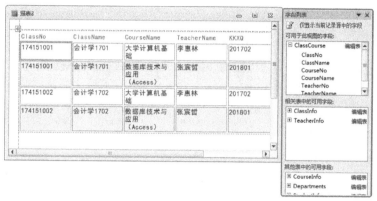

图 5-19　使用"空报表"工具创建报表

（3）将视图切换到"报表视图"，如图 5-18 所示。

（4）保存报表。

创建标签报表
（视频）

5.2.4　创建标签报表

标签是特殊的报表，利用标签报表，用户可制作一些"借书证"、"客户联系方式"和"准考证"等短信息载体。使用 Access 中的标签向导，可以很方便地创建出各种各样的标签报表。

【例 5-4】　制作如图 5-20 所示的"教师信息"标签报表。

图 5-20　"教师信息"标签报表

基本操作步骤如下：

（1）打开"学生成绩管理系统"数据库，在导航窗格中，选择"TeacherInfo"表。

（2）单击"创建"选项卡下"报表"组中的"标签"按钮 📇，打开"标签向导"第一个对话框，如图 5-21 所示。在其中可设置标签的"尺寸"（如果不能满足需要，可以单击"自定义"按钮自己设计标签）、"度量单位"和"标签类型"。此处按图示设置，单击"下一步"按钮。

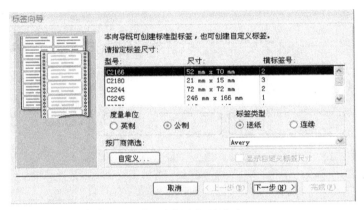

图 5-21　指定标签尺寸

（3）在打开"标签向导"第二个对话框中，设置"字体"为"宋体"、"字号"为"12"、"字体粗细"为"正常"、"文本颜色"为"黑色"，如图 5-22 所示。

图 5-22　设置文本格式

（4）单击"下一步"按钮，在打开的"标签向导"第三个对话框中，从"可用字段"列表框中，双击所需要的字段，发送到"原型标签"列表框中。调整各个字段的布局，并在每个字段前面输入说明文本，如图 5-23 所示。

（5）单击"下一步"按钮，在打开的"标签向导"第四个对话框中，从"可用字段"列表框中，双击"TeacherNo"字段，把它移到"排序依据"列表框中，如图 5-24 所示。

（6）单击"下一步"按钮，打开"标签向导"第五个对话框。在"请指定报表的名称："文本框中输入"标签 TeacherInfo"，如图 5-25 所示。

图 5-23　确定标签显示的内容

图 5-24　确定排序字段

图 5-25　输入报表名称

（7）单击"完成"按钮，完成报表的创建，效果如图 5-20 所示。

5.2.5　使用"报表设计"工具创建报表

"报表"工具和"报表向导"工具可以很方便地创建报表，但报表形式和功能较简单，很多时候不能满足用户的要求。这时可以通过报表"设计视图"对报表做进一步的修改，当然也可以直接使用"报表设计"工具来创建、设计报表。

【例 5-5】 利用报表"设计视图"创建如图 5-26 所示的"学生基本信息"报表。

图 5-26　"学生基本信息"报表

基本操作步骤如下：

（1）打开"学生成绩管理系统"数据库，单击"创建"选项卡下"报表"组中的"报表设计"按钮，打开报表"设计视图"，如图 5-27 所示。

（2）按 F4 键，打开报表"属性表"窗格，在"数据"选项卡中，单击"记录源"属性右侧的下拉按钮，在弹出的下拉列表中选择"StudentInfo"，如图 5-28 所示。

图 5-27　报表"设计视图"

图 5-28　报表记录源属性设置

（3）单击"设计"选项卡下"工具"组中的"添加现有字段"按钮，弹出"字段列表"窗格，依次双击"字段列表"窗格中的"StudentNo"、"StudentName"、"ClassNo"、"Sex"和"Birthday"字段，将其添加到"主体"节中，选中所有控件，并调整到合适的位置，如图 5-29 所示。

图 5-29　添加所需字段

（4）单击"设计"选项卡下"页眉/页脚"组中的"标题"按钮，将其"标题"属性改成"学生基本信息"，并调整标题控件的大小及位置，如图 5-30 所示。

（5）调整报表各宽度及控件位置，结果如图 5-31 所示。

（6）单击工具栏上的"保存"按钮，以"学生基本信息"为名保存报表。单击工具栏上的"视图"按钮，切换到"报表视图"下，查看设计效果，如图 5-26 所示。

图 5-30　添加标题

图 5-31　调整后的"设计视图"

5.2.6　创建主/子报表

主/子报表
（视频）

子报表/子窗体是报表中的一种控件，子报表是指插入报表中的报表，包含子报表或子窗体的报表叫主报表。一般情况下如果要将报表设计成主/子报表样式，主报表和子报表之间存在一定的关系。主/子报表可以是一对一的关系，也可以是一对多的关系，但在实际应用中几乎都是一对多的关系。在一对多的关系中，主报表输出关系中"一"方的主表记录，而子报表输出关系中"多"方的相关记录。

使用向导创建子报表时，可以将现有的报表作为子报表链接到主报表，也可以在现有表或查询中获取要显示的字段，创建子报表。下面以将现有报表添加为子报表为例，介绍使用向导创建子报表的具体操作步骤。

在创建主/子报表之前，首先要正确设置表间关系。如果两表存在一对多的关系，若想创建主/子报表，通常是将主表（一方）作为主报表，让子表（多方）成为子窗体或子报表。

创建主/子报表常用方法有以下几种：

● 利用报表"设计视图"选项卡"控件"组中的"子窗体/子报表"按钮▣，在主报表中添加一个子报表。这是在系统提供的"子窗体/子报表向导"中完成的。

● 链接报表。即直接从导航窗格中拖移某个对象（表、查询、报表或窗体）到主报表的报表"设计视图"中，Access 会自动将子窗体或子报表链接到主报表。

【例 5-6】 先创建如图 5-32 所示的学生成绩报表（文件名为 score1），然后将其添加现有报表"学生基本信息"作为子报表，如图 5-33 所示。

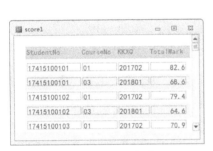

图 5-32 score1 报表

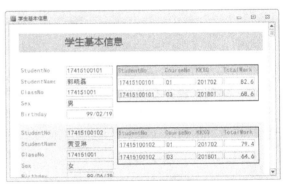

图 5-33 主/子报表

基本操作步骤如下：

（1）打开"学生成绩管理系统"数据库，单击"创建"选项卡"报表"组中的"报表设计"按钮，进入报表"设计视图"。

（2）按 F4 键，打开"属性表"窗格，将报表"记录源"设置为"StudentScore"。

（3）单击"设计"选项卡"工具"组中的"添加现有字段"，然后将"StudentNo"、"CourseNo"、"KKXQ"和"TotalMark"字段添加到报表主体节中，如图 5-34 所示。

（4）在报表空白处右击，在弹出快捷菜单中选择"报表页眉/页脚"，将报表页眉和报表页脚显示出来，并对控件所在位置进行调整，将所有附加标签移动到报表页眉节中，并调整各节宽度等，如图 5-35 所示。

图 5-34 添加字段

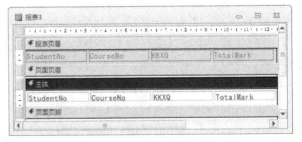

图 5-35 调整控件位置的设计视图

（5）以文件名"score1"保存报表，将其切换到"报表视图"，效果如图 5-32 所示。

（6）关闭"score1"报表。

（7）右击导航窗格中的"学生基本信息"报表，在弹出的快捷菜单中选择"设计视图"，进入报表"设计视图"。

（8）将导航窗格中的"score1"报表直接拖入到主体节适合的位置，如图 5-36 所示。

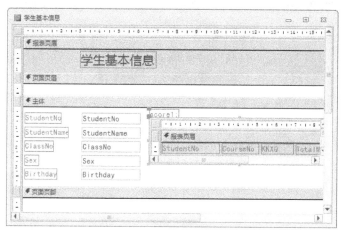

图 5-36　子报表加入主报表中

（9）选择用于显示子报表控件名称的标签"score1"，将其删除，并适当调整子窗体的位置，单击工具栏上的"保存"按钮。

（10）单击工具栏上的"视图"按钮，切换到"报表视图"下，查看创建的子报表的效果，如图 5-33 所示。

5.2.7　利用"报表设计"按钮创建图表报表

在 Access 2010 的报表中，取消了"图表报表"向导的功能，提供了其他创建图表的方法，例如常常利用图表控件来创建报表。

【例 5-7】 以"各院教师人数"查询为数据源，利用"空报表"工具制作如图 5-37 所示的图表报表。

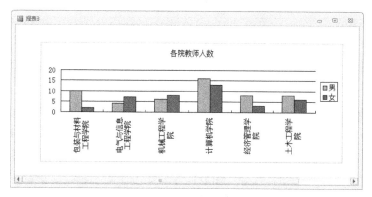

图 5-37　图表报表

基本操作步骤如下：

（1）打开"学生成绩管理系统"数据库，单击"创建"选项卡下"报表"组中的"报表设计"按钮，进入报表"设计视图"。

（2）单击"设计"选项卡下"控件"组中的"图表"控件 📊，在主体节中画出适当大小的图表空间，打开"图表向导"第一个对话框，选择对话框下方的"视图"为"查询"，在"请选择用于创建图表的表或查询："中选择"查询：各院教师人数"，如图 5-38 所示。

图 5-38　选择表或查询

（3）单击"下一步"按钮，打开"图表向导"第二个对话框，将"可用字段"下所有的字段添加到"用于图表的字段："列表中，如图 5-39 所示。

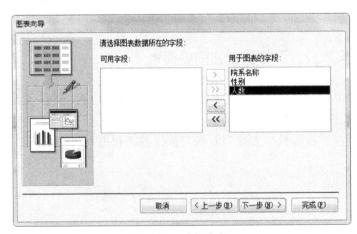

图 5-39　选择字段

（4）单击"下一步"按钮，打开"图表向导"第三个对话框，本例选择第一个样式（柱形图），如图 5-40 所示。

（5）单击"下一步"按钮，打开"图表向导"第四个对话框，这里保持默认设置，如图 5-41 所示。

（6）单击"下一步"按钮，打开"图表向导"第五个对话框，这里保持系统默认设置，如图 5-42 所示。

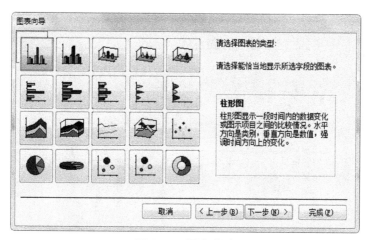

图 5-40　图表类型

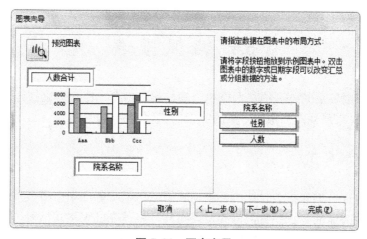

图 5-41　图表布局

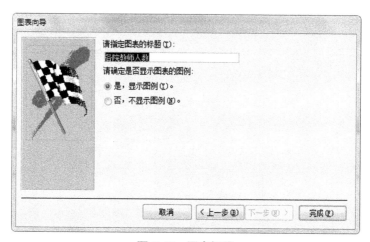

图 5-42　图表标题

（7）单击"完成"按钮，图表"设计视图"如图 5-43 所示。

（8）删除报表的页面页眉/页脚节，并将视图切换到"报表视图"，效果如图 5-37 所示。

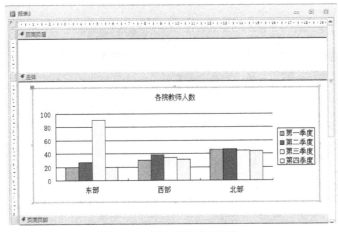

图 5-43 图表"设计视图"

5.3 编 辑 报 表

美化报表
（视频）

简单创建完报表后其外观往往不能完全满足实际需要，用户可以打开"设计视图"或"布局视图"做进一步的编辑、美化和完善。

5.3.1 修改布局样式

用"报表设计"创建报表默认的是纵栏式报表，但实际应用中很多报表要求显示为表格式报表，比较快速的方法是直接修改报表布局，将其变成表格式报表。常用的操作方法是在报表"设计视图"下，先选中字段，再单击"排列"选项卡"表"组中的"表格"按钮，最后按需求调整各控件位置即可。

【例 5-8】 用"设计视图"创建如图 5-44 所示的"班级学生信息"表格式报表。

StudentNo	StudentName	Sex	Telephone	ClassNo
17415100239	陈小亮	男	13964507501	174151002
17415100238	冯兵羽	男	17096742789	174151002
17415100237	赵楠	女	17822133384	174151002
17415100236	徐明珠	女	13395302345	174151002
17415100235	陈佳怡	女	13348474466	174151002
17415100234	李程澄	女	15536983721	174151002
17415100233	何艳	女	13892347450	174151002
17415100232	施梦嫒	女	13961332155	174151002
17415100231	肖春发	男	18934897513	174151002
17415100230	王丁弘	男	15830313137	174151002
17415100229	黎岚哲	男	13916882701	174151002
17415100228	张晓阳	男	18930430453	174151002
17415100227	陈芷琪	女	19923892323	174151002
17415100226	倪云慧	女	13207318222	174151002
17415100225	刘琼	女	17023943793	174151002

图 5-44 "班级学生信息"表格式报表

基本操作步骤如下：

（1）打开"学生成绩管理系统"数据库，先创建"学生信息"查询，其"设计视图"窗口如图 5-45 所示。

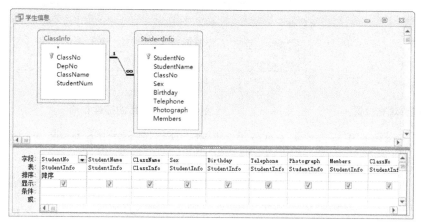

图 5-45　"学生信息"查询"设计视图"

（2）单击"创建"选项卡下"报表"组中的"报表设计"按钮，进入报表"设计视图"。按 F4 键，调出报表"属性表"窗格，将其"记录源"设置为"学生信息"。

（3）单击"设计"选项卡下"工具"组中的"添加现有字段"按钮，再依次双击"字段列表"窗格中的"StudentNo"、"StudentName"、"Sex"、"Telephone"和"ClassNo"字段，结果如图 5-46 所示。

（4）选择所有控件，单击"排列"选项卡下"表"组中的"表格"按钮，对所有控件重新布局，如图 5-47 所示。

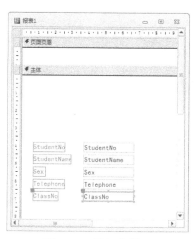

图 5-46　添加字段

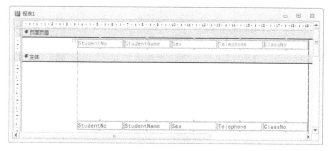

图 5-47　修改后的控件布局

（5）选择所有控件，单击"排列"选项卡下"位置"组中的"控件填充"按钮，再单击"无"，如图 5-48 所示。

（6）选中主体中所有控件，将它们的高度设为 0.58cm，上边距设为 0cm。并将主体节的高度设置与主体节控件高度一致，也为 0.58cm。然后对页面页眉节高度进行调整，将页面页眉中的控件调整到紧靠主体节。修改后的控件布局如图 5-49 所示。

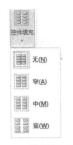

图 5-48　控件填充设置

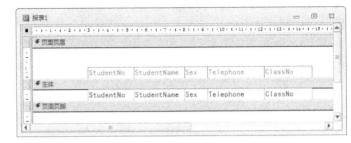

图 5-49　修改后的控件布局

（7）以"班级学生信息"为文件名保存报表，然后将视图切换到"报表视图"，结果如图 5-44 所示。

说明：在"设计视图"下，把纵栏式报表改为表格式报表还可以用如下方法，即选择所有字段后右击，在弹出的快捷菜单中选择"布局/表格"命令。

5.3.2　添加分组和排序

报表除了可以输出原始数据，还有强大的数据分析管理功能，可以将数据进行排序、分组和汇总统计。"分组"就是指将报表中具有共同特征的相关记录排列在一起，且同组记录可汇总统计。"排序"是指根据某些字段或表达式的值来排列报表上数据出现的顺序。一个报表最多可定义 10 个分组和排序级别。

报表分组与排序（视频）

【例 5-9】　修改【例 5-8】"班级学生信息"报表：先按"ClassNo"进行分组，再按"StudentNo"进行升序排序，能按班级显示信息，打印预览视图如图 5-50 所示，其"设计视图"如图 5-51 所示。

图 5-50　"班级学生信息"的"打印预览视图"

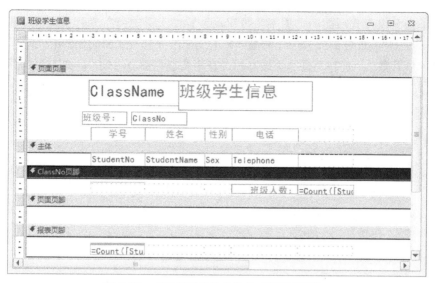

图 5-51　"班级学生信息"的"设计视图"

基本操作步骤如下：

（1）打开"学生成绩管理系统"数据库，右击导航窗格中的"班级学生信息"报表，在弹出的快捷菜单中选择"设计视图"，进入报表"设计视图"。

（2）单击"设计"选项卡下"分组和汇总"组中的"分组和排序"按钮 ，在报表下部添加了"分组、排序和汇总"窗格，如图 5-52 所示。

图 5-52　"分组、排序和汇总"窗格

（3）单击"添加组"按钮，打开"字段"列表，如图 5-53 所示，选择"ClassNo"分组。

（4）单击"添加排序"按钮，打开"字段"列表，如图 5-54 所示，选择"StudentNo"，默认的是升序排序。

图 5-53　分组字段列表

图 5-54　排序字段列表

（5）单击分组形式后面的"更多"按钮，设置"无页眉节"、"有页脚节"和"将整个组放在同一页上"，如图 5-55 所示。设置"汇总方式"字段是"StudentNo"字段，汇总"类型"设为"值计数"，选中"显示总计"和"在组页脚中显示小计"，如图 5-56 所示。

图 5-55　分组更多设置

图 5-56　设置汇总

（6）在页面页眉中增加一个标签，其"标题"为"班级学生信息"，"字号"为 20。在"班级学生信息"标签前添加"ClassName"字段控件，删除其附加标签，设置控件"字号"为 20，设置"边框样式"为"透明"。

（7）将附加标签"StudentNo"标题改成"学号"，附加标签"StudentName"标题改成"姓名"，附加标签"Sex"标题改成"性别"，附加标签"Telephone"标题改成"电话"且设置这 4 个附加标签"文本对齐"为"居中"。

（8）在组页脚统计人数控件前加一个标签，标题为"班级人数："，"边框样式"设置为"透明"。

（9）选中主体节，设置其"备用背景色"属性为"背景 1"。

（10）将"ClassNo"字段及其附加标签移到页面页眉节中，位置如图 5-51 所示，设置"边框样式"设置为"透明"，并将附加标签"标题"改成"班级号："。设置完成为后，"设计视图"如图 5-51 所示。

（11）保存报表，将视图切换到"打印预览视图"，效果如图 5-50 所示。

5.3.3　添加计算

报表中常常不仅要输出原始数据，还需要对数据进行统计计算，并将运算结果显示出来，如统计人数、求平均值和工龄等。添加计算通常利用添加分组、计算控件并结合表达式及函数来完成。用于计算或统计的控件，统称为"计算控件"。由于计算控件的控件来源一般是由一个以"="开头的计算表达式构成的，因此创建计算控件时建议关闭控件向导功能。一般情况下，文本框是最常用的计算和显示数据的控件，个别地方也有使用复选框的。

报表计算
（视频）

给报表添加计算，要在报表的"设计视图"或"布局视图"下，再根据要求选择下面的方法实现。

方法 1：选中要计算的字段，单击"设计"选项卡"分组和汇总"组中的"合计"按钮 **Σ 合计 ▾**，在弹出的下拉菜单中选择所需选项。

方法 2：单击"设计"选项卡"控件"组中的计算控件，再在报表所需放置计算控件的位置单击。然后再设置计算控件的控件来源，即在"数据"或"全部"选项卡的"控件来源"属性中，输入"=表达式"。如统计人数，输入"=count（*）"；如根据出生日期（字段名为"Birthday"）字段来计算"年龄"，则可以输入"=Year（Date()）-Year（［Birthday］)"。

方法 3：对于已分组的报表添加分组统计，在"分组、排序和汇总"窗格中选择要统计的字段和汇总方式，如图 5-56 所示。

【例 5-10】　对【例 5-9】中的"班级学生信息"报表进行修改，增一个"年龄"字段，"年龄"字段的值是根据"Birthday"字段计算得到的，效果如图 5-57 所示。

图 5-57　添加年龄后的"班级学生信息"报表

基本操作步骤如下：

（1）打开"学生成绩管理系统"数据库，然后以"设计视图"方式打开"班级学生信息"报表。

（2）在主体节上"Telephone"文本框右侧添加一个文本框，将其附加标签通过剪切和复制操作移动到页面页眉节的最右侧，并将"标题"属性修改为"年龄"，"边框样式"设置为"实线"，文本"对齐"改成"居中"，"高度"设为 0.58cm。

（3）双击新加的文本框，打开其"属性表"窗格，将"名称"改成"年龄"，在"控件来源"属性中输入"=Year（Date()）-Year（［Birthday］)"，"高度"设为 0.582cm，"上边距"设为 0cm，"文本对齐"改成"居中"，如图 5-58 所示。

（4）保存报表，切换到"报表视图"，效果如图 5-57 所示。

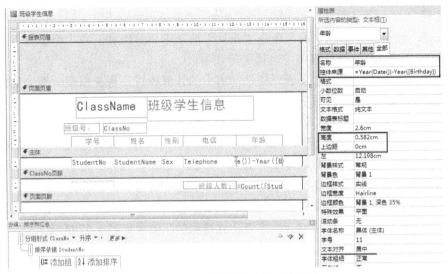

图 5-58　添加计算控件后的设计视图

注意：新增加控件后，因调整控件位置，可能会导致使主体节和页面页眉节高度、新增加控件的高度及上边距等有变化，请大家注意最后要统一调整，比如本例中主体节上的所有控件上边距都要设为 0cm，主体节高度与主体上所有控件的高度都是一样的。

5.3.4　添加常用美化控件

在报表中添加控件对象，使创建的报表更美观、更具个性。在报表中添加控件对象主要有徽标、页码、日期和时间等。

1．为报表添加徽标

在报表中添加徽标的基本操作步骤如下：

（1）打开要添加徽标的报表，切换到"设计视图"。

（2）单击"设计"选项卡下"页眉/页脚"组中的"徽标"按钮 ，打开"插入图片"对话框。在"插入图片"对话框中，选择图片所在的目录及图片文件，单击"确定"按钮。

2．为报表添加当前日期和时间

在报表中添加当前日期和时间方法主要有两种。

方法一：在报表的"设计视图"下，单击"设计"选项卡下"页眉/页脚"组中的"日期和时间"按钮 ，打开"日期和时间"对话框，如图 5-59 所示。在"日期和时间"对话框中，选择所需包含日期或时间的格式，单击"确定"按钮。

方法二：利用计算控件来实现，直接在报表上需要显示日期或时间的位置添加一个文本框，通过设置其"控件来源"属性为有关日期或时间的计算表达式，例如"=Date()"或"=Time()"，来显示日期和时间。

3．为报表添加分页符

在报表中，可以在某一节中使用分页符来标识要另起一页的位置。基本操作步骤如下：

（1）打开报表，切换到"设计视图"，在"报表设计"工具的"控件"组中单击"插入分页符"按钮。

（2）单击报表中要设置分页符的位置，分页符会以短虚线标识在报表的左边界上。

4. 为报表添加页码

在报表中添加页码的基本操作步骤如下：

（1）打开要添加页码的报表，切换到"设计视图"。

（2）单击"设计"选项卡下"页眉/页脚"组中的"插入页码"按钮 ，打开"页码"对话框，如图 5-60 所示。在"页码"对话框中，选择页码的"格式"、"位置"及"对齐"方式。

图 5-59 "日期和时间"对话框　　　　　**图 5-60 "页码"对话框**

此外，也可以利用计算控件创建页码，方法是在报表"设计视图"下，在适当的位置添加一个文本框，再通过设置其"控件来源"来创建页码。其中 Page 和 Pages 是内置变量，［Page］代表当前页号，［Pages］代表总页数。页码常用格式见表 5-3。

表 5-3 页码常用格式

文本框控件来源	显示文本
="第"&［Page］&"页"	第 N（当前页）页
=［Page］&"/"&［Pages］	N/M（总页数）
="第"&［Page］&"页，共"&［Pages］&"页"	第 N 页，共 M 页

5. 为报表添加线条和和矩形

有时为了修饰版面，需要在报表上添加线条或矩形。Access 有直线和矩形控件，因此，常用的方法是在报表合适的位置添加直线或矩形控件，并设置相关属性。

6. 为记录添加行号

实际应用中，有时为了方便记录的统计，还要对每一行数据添加行号。

【例 5-11】　对【例 5-10】中的"班级学生信息"报表进行修改，按班级在每个学生前面增加一个序号（即按组加行号），并在报表的页面页脚处增加"第*页"的页码标志，如图 5-61 所示；打印时每个组都是在不同的页面中。

图 5-61　添加行号后的"班级学生信息"报表

基本操作步骤如下：

（1）打开"学生成绩管理系统"数据库，然后以"设计视图"方式打开"班级学生信息"报表。

（2）在主体节的最左侧添加一个文本框，将其附加标签通过剪切和复制操作移到页面页眉节的最左侧，并将"标题"属性修改为"序号"，"边框样式"设置为"实线"，"文本对齐"改成"居中"，"高度"设为 0.58cm，"宽度"设为 1cm，"上边距"与页面页眉节中其他设置相同。

（3）双击新加的文本框，打开其"属性表"窗格，将"名称"改成"序号"，在"控件来源"属性中输入"=1"，"运行总和"属性选择"工作组之上"，"高度"设为 0.58cm，"宽度"设为 1cm，"上边距"设为 0cm，"文本对齐"改成"居中"，如图 5-62 所示。

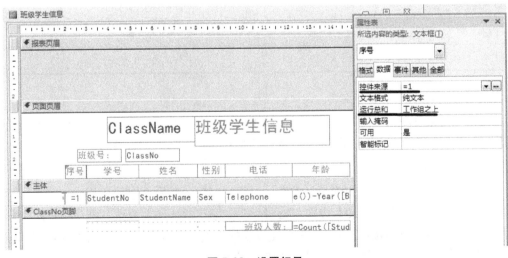

图 5-62　设置行号

（4）在页面页脚节的最右侧添加一个文本框，删除其附加标签。打开"属性表"，在"控件来源"属性中输入"="第" & ［Page］& "页""，"边框样式"设置为"透明"。

（5）双击"ClassNO 页脚"节，打开"属性表"，将"备用背景色"属性修改为"背景1"，"强制分页"设置为"节后"，如图 5-63 所示。

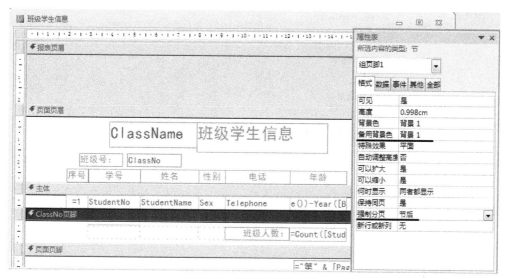

图 5-63　设置组页脚属性

（6）保存报表，将视图切换到"报表视图"，如图 5-61 所示，再切换到"打印预览视图"观看效果。

思考：为什么"打印预览视图"最后多了一页没有主体内容的页？

5.4　报表的预览和打印

报表创建完成后，便可以打印了。在打印报表之前，用户需要先进行打印预览，用来查看报表的版面和内容，若不满足用户要求，还可进行更改。打印过程一般分为三步：预览报表、页面设置和打印报表。

5.4.1　预览报表

预览报表是指在屏幕上查看报表打印后的外观情况，预览报表的方法主要有以下几种。

（1）单击"文件"选项卡，在弹出的下拉菜单中选择"打印"/"打印预览"命令，如图 5-64 所示。

（2）将视图切换到"打印预览视图"，单击状态栏最右侧的"打印预览"按钮，如图 5-65 所示。或单击"设计"选项卡下"视图"组中的"视图"按钮，再单击菜单中的"打印预览"。

（3）右击导航窗格中的报表，在弹出的快捷菜单中选择"打印预览"命令。

图 5-64　选择"打印预览"命令

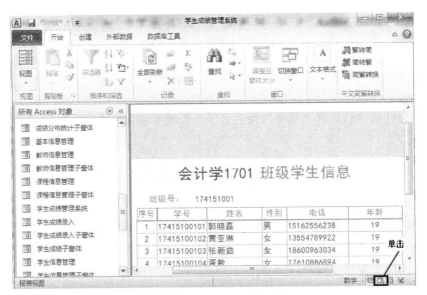

图 5-65　单击"打印预览"按钮

5.4.2　页面设置

若在预览时，对报表当前的打印效果不满意，用户可以更改其页面布局，重新设置页边距、纸张大小和方向等。

将报表切换到"打印预览"视图下，功能区中将激活"打印预览"选项卡，单击"页面布局"组中的"页面设置"按钮，在打开的"页面设置"对话框中进行设置，如图 5-66 所示，其中各选项卡的作用如下。

图 5-66　"页面设置"对话框

（1）"打印选项"选项卡。在该选项卡中可对报表的页边距进行设置，并且在选项卡的右上方会显示当前设置的页边距的预览效果。

（2）"页"选项卡。在该选项卡中可对纸张的大小及纸张的打印方向进行设置。

（3）"列"选项卡。在该选项卡中可设置在一页报表中的列数、行间距、列尺寸及列布局等。

5.4.3　打印报表

打印报表的方法是：单击"文件"选项卡，在弹出的菜单中选择"打印"命令，或直接在"打印预览"选项卡的"打印"组中单击"打印"按钮，在打开的"打印"对话框中设置打印的参数，设置完成后单击"确定"按钮，即可将选择的报表打印出来，如图 5-67 所示。

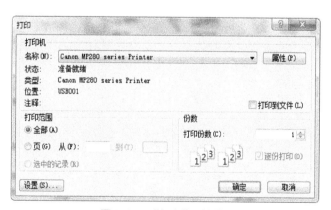

图 5-67　"打印"对话框

◇◆◇　　本章小结　　◇◆◇

报表是专门为打印而设计的特殊窗体，将数据库中的表和查询的数据进行组合，就可形成报表。在报表中可对数据进行分组、排序，还可以对数值型字段进行各种统计计算和汇总等。本章介绍了报表的基础知识，详细介绍了各种报表的创建与编辑、报表数据的计算与管理、美化报表的方法以及预览和打印报表的相关知识。

──────◇◆◇　知识结构图　◇◆◇──────

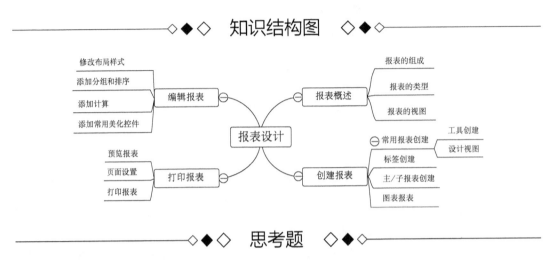

──────◇◆◇　思考题　◇◆◇──────

1. 简述报表对象的作用。
2. 比较窗体和报表的异同。
3. 简述创建报表的几种方法，各有什么优缺点。
4. 报表的报表页眉、组页面各有什么用途。

第 6 章　宏

第 6 章　章节导
读（视频）

 学习目标

1. 了解宏的基本概念。
2. 掌握宏的设计方法。
3. 掌握常用的宏命令以及用宏创建菜单的方法。

宏是 Access 的对象之一，是一种功能强大的工具，宏可以自动执行一些简单而重复的任务，宏能够将前面介绍的表、查询、窗体、报表等有机地联系起来。本章将介绍宏的基本概念、宏的创建与参数的设置以及宏的运行等。

6.1 宏 的 概 述

利用宏可以为应用程序的设计提供各种基本功能，用起来非常方便，可以不必记住语法，也不需要编写程序，掌握宏的操作比编程技术容易得多。利用宏的操作就可以实现对 Access 的灵活运用，完成一系列简单的任务。

工具和方法
（视频）

6.1.1　宏的概念

宏可以分为宏（独立宏、单个宏）、宏组和条件宏：宏是操作序列的集合；而宏组又是宏的集合；条件宏是带有条件的操作序列，条件中所包含的操作序列只有在条件成立时才可执行。

宏是由一个或多个操作组成的集合，其中每个操作能够实现特定的功能，例如，打开某个窗体或打印某个报表；当宏由多个操作组成时，运行时按宏操作的先后次序顺序执行。如果用户频繁地重复一系列操作，就可以用创建宏的方式来执行这些操作。

宏组是以一个宏名的形式来存储相关宏的集合。一般情况下，当有多个宏的时候，最好将相关的宏分别放到不同的宏组中，这样有助于数据库的管理。与文件的分类管理一样，宏组中的每一个宏有自己的名称，以便在适当的时候引用宏。引用宏组中的宏时用"宏组名.宏名"来引用。

条件宏是满足一定条件后才运行的宏。利用条件宏可以控制宏的运行。例如，当输入数据时，如果输入的数据格式不正确，或者遗漏了某个信息，就可以利用条件宏给出提示。

6.1.2　宏的功能

宏是一种功能强大的工具，能实现自动化操作，节省了执行任务的时间，提高了工作效率。宏的具体功能如下：

（1）显示和隐藏工具栏。

（2）打开和关闭表、查询、窗体或报表。

（3）执行报表的预览和打印操作及报表中数据的发送。

（4）设置窗体或报表中控件的值。

（5）设置 Access 工作区中任意窗口的大小，并执行窗口的移动、缩小、放大和保存等操作。

（6）执行查询操作，以及对数据进行过滤操作。

（7）为数据库设置一系列的操作、简化工作。

6.2　宏的创建及运行

宏的创建方法与其他对象的创建方法稍有不同，其他对象的创建既可以通过向导创建，也可以通过设计视图创建，但宏只能通过"设计视图"创建。

6.2.1　宏的设计窗口

单击数据库窗口中"创建"选项卡下"宏与代码"组中的"宏"按钮，即可打开宏"设计视图"，其界面如图 6-1 所示。

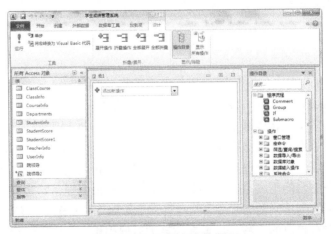

图 6-1　宏"设计视图"界面

在宏工具窗口的"设计"选项卡中包含了"工具"、"折叠/展开"和"显示/隐藏"三个组，每个组中又包含了一些按钮，各按钮的功能如表 6-1 所示。

表 6-1　"设计"选项卡各按钮的功能

按　钮	名　称	功　能
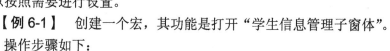	运行	运行当前宏
	单步	单步运行，一次执行一条宏命令
	宏转换	将当前宏转换为 Visual Basic 代码
	展开操作	展开宏设计器所选的宏操作
	折叠操作	折叠宏设计器所选的宏操作
	全部展开	展开宏设计器全部的宏操作
	全部折叠	折叠宏设计器全部的宏操作
	操作目录	显示或隐藏宏设计器的操作目录列表框
	显示所有操作	显示或隐藏操作列中下拉列表中所有操作或尚未受信任的数据库中允许的操作

6.2.2　创建独立的宏

创建与运行——
独立宏（视频）

用户可以利用宏来完成一些特定的操作，每个操作都有自己的参数，可以按照需要进行设置。

【例 6-1】　创建一个宏，其功能是打开"学生信息管理子窗体"。

操作步骤如下：

（1）在图 6-1 所示宏"设计视图"界面中，在"添加新操作"列表中选择"OpenForm"操作，或直接输入"OpenForm"，出现如图 6-2 所示的对话框。

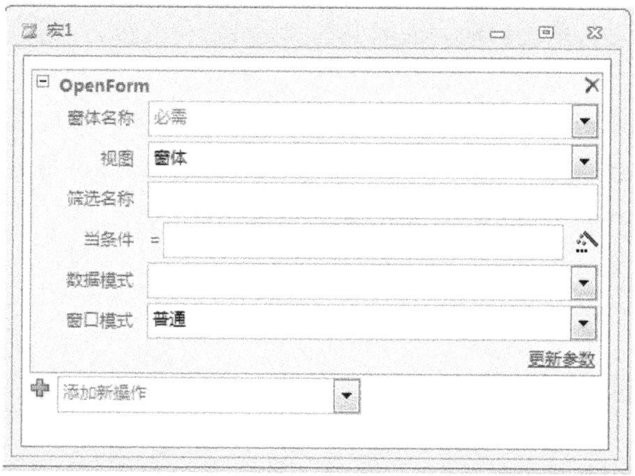

图 6-2　"宏 1"对话框

也可以单击"操作目录"按钮，出现"操作目录"列表，在该列表的"数据库对象"

中有"OpenForm"操作，双击或将其拖至"添加新操作"框中，也会出现图6-2所示对话框。如果要删除某个操作，则单击该操作后面的删除按钮 ☒ 即可；或在该操作上右击，在弹出的快捷菜单中选择"删除"；或直接按Delete键。

如果想对某一个操作进行注释，则可选择"Comment"操作，出现一文本框，在其中输入注释即可。

（2）在图6-2中，给出了"OpenForm"操作所需的参数，各参数的含义如下：

①"窗体名称"参数是必需的，可以在列表中选择"学生信息管理子窗体"窗体名，也可以自己输入。

②"视图"参数给出了打开该窗体时窗体的视图模式，默认的是窗体视图。

③"筛选名称"参数用于限制或排序窗体中记录的筛选，可以输入一个已有的名称或保存为查询的筛选名称。不过，这个查询必须包含打开窗体的所有字段。

④"当条件="参数限制窗体中显示的是满足该条件的记录。

⑤"数据模式"参数用以设定窗体打开后的数据输入方式，有三种模式可供选择，"增加"表示用户可以增加记录，但不能编辑已经存在的记录；"编辑"表示用户可以编辑已经存在的记录，也可以增加记录；"只读"表示用户只能查看记录。这里默认为"编辑"模式。

⑥"窗口模式"用来设定在其中打开窗体的窗口模式，有"普通"（默认）、"隐藏"、"图标"和"对话框"四种方式。

（3）关闭宏"设计视图"界面，弹出一个保存提示框，如图6-3所示。

图6-3 保存提示框

在该提示框中，单击"是"按钮，出现一个"另存为"对话框。在该对话框中输入宏的名称，如"打开窗体"，再单击"确定"按钮，宏名就会出现在数据库导航窗格的"宏"选项卡中。当创建宏时，系统自动为宏取名为"宏1"和"宏2"等，一般来说，应该取一个有意义的名字。

另外，可以将导航窗格的数据库对象如表、查询、窗体、报表或模块，拖到宏"设计视图"界面中，Access就会添加一个打开该对象的宏操作。如果将另一个宏拖到宏"设计视图"界面中，Access就会添加一个运行该宏的操作。

6.2.3 直接运行宏

宏创建完后，就可以运行了，运行宏的目的：一是体现出宏的功能，二是可以检查宏中有无错误。

直接运行宏有以下几种方法：

（1）当宏处在"设计视图"界面时，单击"工具"组中的"运行"按钮即可。例6-1的运行效果图如图6-4所示。

图 6-4　宏运行效果图

（2）在宏的"设计视图"界面中，单击"单步"按钮，再单击"运行"按钮，出现如图 6-5 所示的"单步执行宏"对话框。单击"单步执行（S）"按钮，每次执行一个宏操作，这样有利于检查宏中的错误。

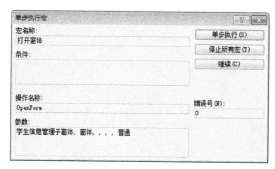

图 6-5　"单步执行宏"对话框

（3）如果宏处在关闭状态，则在数据库导航窗格中双击宏名，可以运行宏。

（4）在数据库导航窗格中的宏名上右击，在弹出的快捷菜单中选择"运行"命令运行宏。

（5）使用 Docmd 对象的 RunMacro 方法在 VBA 代码过程中运行宏。Docmd 对象是 Access 的一个特殊对象，将在第 7 章介绍。

（6）如果在打开数据库时就想运行某个宏，则可将宏名取为"AutoExec"，即这个宏为自动运行的宏。如果不想在打开数据库时运行 AutoExec 宏，可以在打开数据库时按住 Shift 键。

以上这些运行宏的操作，只是对宏进行测试。通过测试确保宏的设计无误之后，通常再把宏附加到窗体、报表或控件中，以对事件做出响应，也可以创建一个运行宏的自定义菜单。

扩展知识——
group 建宏组
（视频）

6.2.4　创建宏组

宏组是存储在同一个宏名下的相关宏的组合，这些宏也叫子宏，每个宏是独立的，互不相关。其创建方法与宏的创建类似，都是在宏"设计视图"界面下完成的，保存后宏组名也出现在数据库导航窗格的"宏"选项卡中。但是在创建宏组时一定要为每个子宏命名。

【例 6-2】 建立一个包含两个宏的宏组，宏 macro1 用于打开"学生信息管理子窗体"，宏 macro2 用于打开"班级学生信息"报表，在打开窗体或报表之前都有一个提示信息，设计效果如图 6-6 所示。

创建与运行——
Submacro 建宏组
（视频）

操作步骤如下：

（1）在宏"设计视图"中，在"添加新操作"列表中选择"Submacro"，打开如图 6-7 所示对话框，子宏以"End Submacro"结束，系统自动给"子宏"取名为"Sub1"，在此需将"Sub1"改为"macro1"。一个子宏可以包含多个宏操作。

图 6-6　设计效果

图 6-7　"宏 1"对话框

（2）在"End Submacro"上面的"添加新操作"中选择"MessageBox"操作，该操作有 4 个参数，其中第一个参数"消息"是必选项，即运行该操作时显示在消息框中的提示信息，在此输入"打开窗体"，如图 6-8 所示。

（3）在图 6-8 中，在"添加新操作"列表中选择"OpenForm"，在该操作的"窗体名称"中选择"学生信息管理子窗体"。此时"macro1"子宏操作设置完成，包括"MessageBox"和"OpenForm"两个操作。"macro1"的效果如图 6-9 所示。

为了节省显示空间，可以将设置好的操作折叠起来，单击"折叠/展开"组中的"折叠操作"按钮即可。也可单击某一个操作名前的"－"或"＋"按钮，这时只单独对某一个操作进行折叠或展开。

当一个宏有多个操作时，可以单击 ⬆ ⬇ 按钮改变宏的顺序，或直接拖动宏来改变顺序。

（4）在"End Submacro"后面的"添加新操作"列表中选择"Submacro"，输入第二个子宏的名称"macro2"。在下面的"添加新操作"中选择"MessageBox"，在其"消息"参数中输入"打开报表"。

图 6-8　宏组示例图 2

图 6-9　宏组示例图 3

（5）再在"添加新操作"中选择"OpenReport"，在"报表名称"参数中选择"班级学生信息"。到此，两个子宏设置完毕，如图 6-6 所示。

（6）将宏组以"打开窗体报表宏组"为名进行保存。

（7）运行宏，看到如图 6-10 所示的一个消息框。在该消息框中单击"确定"按钮，即打开"学生信息管理子窗体"。但是"班级学生信息"报表并没有显示出来，这是为什么呢？在 Access 中，直接运行宏组时，

图 6-10　消息框

只运行宏组中的第一个宏，若需运行宏组中的其他宏，需将宏组附加到窗体、报表或控件中，然后在某个事件中通过"宏组名.宏名"的方式引用该宏。

现在将该宏组附加到窗体的控件中，以便查看宏组中两个宏的运行效果。

（1）新建一个空白窗体，在窗体上添加两个命令按钮，名称分别为"Command1"和"Command2"，将按钮的标题属性分别设为"打开窗体"和"打开报表"。

（2）选中 Command1，单击"属性表"窗格中的"事件"选项卡，在"单击"栏的下拉列表中选择"打开窗体报表宏组.macro1"。

（3）选中 Command2，在其"单击"栏中选择"打开窗体报表宏组.macro2"。

（4）让窗体处在窗体视图模式，分别单击两个命令按钮，查看运行效果。

6.2.5　创建条件宏

有时需要设置一些条件来控制宏的运行，当条件为真时，则运行宏；

创建与运行——
条件宏（视频）

否则不运行宏，转到下一个操作。要创建条件宏，可以使用"If"块进行程序流程控制，还可以使用"Else If"和"Else"块来扩展"If"块。

【例6-3】 在"学生成绩录入"窗体中，给成绩"TestScore"文本框加上一个条件宏，当输入的成绩大于100分或小于0时，弹出消息框，提示成绩不能大于100或小于0。

操作步骤如下：

（1）打开宏"设计视图"，在"添加新操作"列表中选择"If"。在"If"块顶部的"条件表达式"框中，输入条件表达式"[Forms]！[学生成绩录入]！[TestScore]>100 or [Forms]！[学生成绩录入]！[TestScore] <0"；或者单击后方的"生成器"按钮 ，出现"表达式生成器"对话框，在该对话框中输入或生成以上条件，如图6-11所示。

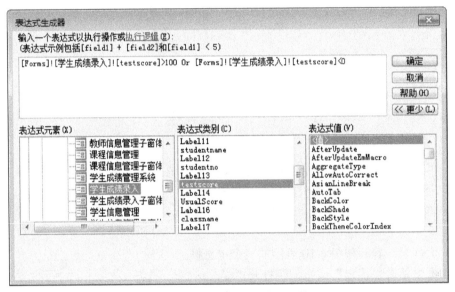

图6-11 "表达式生成器"对话框

其中，

- Forms 表示操作对象是窗体，如果操作对象是报表，则用 Reports。
- 学生成绩录入表示窗体名称。
- TestScore 表示控件名称，即输入成绩的文本框的名称。

在输入条件表达式时，如果用到窗体、报表或相关控件的值，可以使用以下格式。

① 引用窗体：Forms！[窗体名]。

② 引用窗体属性：Forms！[窗体名].属性。

③ 引用窗体中的控件：Forms！[窗体名]！[控件名]。

④ 引用窗体中控件的属性：Forms！[窗体名]！[控件名].属性。

如果是报表，则将"Forms"改成"Reports"，"窗体名"改成相关的报表名。当然"Forms"或"Reports"外面可以加中括号"[]"。

（2）在"If"下方的"添加新操作"列表中选择"MessageBox"操作，在"消息"框中输入"成绩不能大于100或小于0"。设置好的条件宏如图6-12所示。条件宏以"If"开始，以"End If"结束。

图 6-12 条件宏设置界面

（3）将宏以"条件宏"命名保存。

（4）用"设计视图"打开"学生成绩录入"窗体，选中"TestScore"文本框，在其"属性表"窗格的"事件"选项卡中选中"退出"，在其后的下拉列表中选择"条件宏"，保存窗体。此处选择"退出"事件，也就是当焦点离开该文本框时，对文本框的值进行判断。

（5）使窗体处在窗体视图界面，当给某学生的"TestScore"字段输入的值大于 100 且焦点离开该文本框时，就会弹出消息框，提示用户输入的成绩不能大于 100。运行效果如图 6-13 所示。

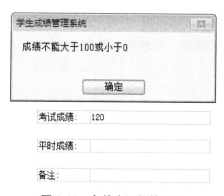

图 6-13 条件宏运行效果图

如果一个条件宏包括多个操作，当下一个操作与上一个操作的条件相同时，下一个操作的条件可以用省略号"…"来表示。

6.2.6 创建事件宏

事件是在数据库中发生的操作，如按钮的单击事件、双击事件，窗体的加载、打开、关闭等。在窗体的"设计视图"界面下，"属性表"窗格的"事件"选项卡列出了当前对象的事件。在 Access 中可以创建只要某事件发生就运行的宏，如果事先已经给这个事件编写了宏或事件程序，此时就会执行宏或事件过程。

事件是预先定义好的活动，一个对象拥有哪些事件是由系统本身决定的，至于事件被引发后要执行什么内容，则由用户编写的宏或事件过程决定。

【例 6-4】 以"学生成绩录入"窗体为例，当加载该窗体时，显示一个消息框；当双击该窗体时，关闭窗体。

操作步骤如下：

（1）打开宏"设计视图"界面，选择"MessageBox"操作，在"消息"参数中输入"打开窗体"，将该宏以"打开窗体宏"为名保存。

（2）再创建一个名为"关闭窗体宏"的宏，其设计视图如图 6-14 所示。

图 6-14 关闭窗体宏"设计视图"

（3）用"设计视图"打开"学生成绩录入"窗体，打开"属性表"窗格，在"属性表"窗格上部的"所选内容的类型：窗体"下拉列表中选择"窗体"。单击"事件"选项卡下"加载"事件右侧的下拉按钮，在下拉列表中选择"打开窗体宏"，如图 6-15 所示。

（4）在"属性表"窗格上部的"所选内容的类型：节"下拉列表中选择"主体"，单击"事件"选项卡下"双击"事件右侧的下拉按钮，在下拉列表中选择"关闭窗体宏"，如图 6-16 所示。

图 6-15 窗体加载事件设置

图 6-16 窗体双击事件设置

（5）关闭"属性表"窗格，保存对窗体的修改，关闭窗体"设计视图"界面。

（6）在数据库导航窗格"窗体"选项卡中双击"学生成绩录入"，即打开该窗体，就会弹出一个消息框，单击"确定"按钮，打开该窗体。

（7）在窗体的主体节处双击鼠标，即可关闭该窗体。

再如【例 6-2】中两个命令按钮的单击事件，【例 6-3】中文本框的退出事件，分别运行了宏。

6.3　常用的宏操作

宏的操作非常丰富，这些宏操作几乎涵盖了数据库管理的各个方面。如果是开发一个小型的数据库系统，利用宏就能完成，而不必用 VBA 编程。常用的宏操作如表 6-2 所示。

表 6-2　常用的宏操作

操　　作	说　　明
Beep	通过计算机的扬声器发出嘟嘟声
CloseWindow	关闭指定的 Access 窗口，如表、查询、窗体等，如没有指定，则关闭活动窗口
FindRecord	查找符合指定条件的第一条或下一条记录
GoToRecord	在表、窗体或查询集中将指定的记录设为当前记录
MaximizeWindow	放大活动窗口，使其充满 Access 窗口
MinimizeWindow	将活动窗口缩小为 Access 窗口底部的小标题栏
MessageBox	显示包含警告、提示信息或其他信息的消息框
OpenForm	打开窗体，并通过选择窗体的数据输入与窗口方式来限制窗体所显示的记录
OpenQuery	打开指定的查询
OpenReport	在设计视图或打印预览中打开报表或立即打印报表
OpenTable	打开指定的表
QuitAccess	退出 Access
RunMacro	运行一个宏
RestoreWindow	将处于最大化或最小化的窗口恢复为原来的大小
StopMacro	停止正在运行的宏

6.4　使用宏创建菜单

Access 2010 中利用宏可以为窗体、报表创建自定义菜单，也可以创建快捷菜单，现以实例说明自定义菜单的创建方法。

【例 6-5】　利用宏创建如表 6-3 所示的三级菜单。一级菜单包括"文件"、"编辑"和"退出"，其中"文件"菜单包括"打开窗体"和"打印预览"两个二级菜单。这两个二级菜单又分别包含三个和两个三级菜单，"编辑"菜单包含三个二级菜单，"退出"菜单包含两个二级菜单。

表 6-3　三级菜单

一级菜单	二级菜单	三级菜单
文件	打开窗体	学生信息管理子窗体
		学生成绩录入窗体
		教师信息管理子窗体

（续表）

一级菜单	二级菜单	三级菜单
文件	打印预览	班级学生信息报表
		成绩单
编辑	学生信息表	
	学生成绩表	
	教师信息表	
退出	关闭	
	退出	

操作步骤如下：

（1）首先创建一个名为"窗体菜单"的空白窗体。

（2）创建一个生成一级菜单的宏，宏名为"菜单宏"，利用"AddMenu"操作生成菜单，如图6-17所示。

此处"菜单名称"表示生成一级菜单的名称；"菜单宏名称"表示该菜单所对应的宏名称，"菜单宏名称"最好与"菜单名称"相同，以便于记忆；"状态栏文字"参数可省。

（3）创建一个名为"文件"的宏，该宏是一个宏组，首先利用"Submacro"创建两个子宏，子宏名分别为"打开窗体"和"打印预览"，在子宏中利用"AddMenu"操作生成两个子菜单，如图6-18所示。

图6-17　菜单宏界面

图6-18　"文件"菜单界面

（4）创建一个名为"打开窗体"的宏，其界面如图6-19所示。

（5）创建一个名为"打印预览"的宏，其界面如图6-20所示。

图 6-19 "打开窗体"宏界面

图 6-20 "打印预览"宏界面

注意：在"视图"参数中选择"打印预览"。这样"文件"菜单下的各级子菜单制作完成。

（6）创建一个名为"编辑"的宏，如图 6-21 所示。

（7）制作一个名为"退出"的宏，界面如图 6-22 所示。

图 6-21 "编辑"宏界面

图 6-22 "退出"宏界面

如果要为各级菜单创建键盘访问键，则只需在子宏名后加上圆括号，圆括号里写上"&"与相应的字母，如"退出"可以用"退出（&Q）"来创建键盘访问键

（8）返回"窗体菜单"的"设计视图"界面，在窗体上添加一个标题，如"学生成绩管理系统"。

（9）设置窗体的属性，在"属性表"窗格上部"所选内容的类型：窗体"下拉列表中选中"窗体"，单击"其他"选项卡，在"菜单栏"中输入之前建立的"菜单宏"名称，如图 6-23 所示。

注意：对所建的宏与窗体及时保存，关闭所有的宏，让窗体处于窗体视图界面，单击"加载项"选项卡，得到图 6-24 所示的窗体界面。

图 6-23　窗体属性设置

图 6-24　窗体菜单界面

◇◆◇　　本章小结　　◇◆◇

　　宏是数据库的对象之一，宏的功能比较强大，运用宏可以为系统设计减少很多编程的麻烦，本章主要介绍了数据库中宏的"设计视图"界面，以及与宏有关的定义与操作，具体内容如下：①宏的创建方法；②宏的运行方法；③常用的宏操作；④运行宏创建菜单。

◇◆◇　　知识结构图　　◇◆◇

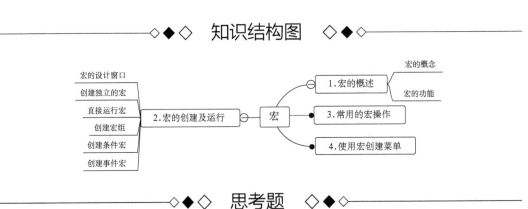

◇◆◇　　思考题　　◇◆◇

1. 简述什么是宏，宏的作用。
2. 运行宏有几种方法，各有什么不同。

第 7 章　VBA编程

 学习目标

1. 了解面向对象程序设计的基本概念。
2. 掌握模块和过程的创建方法。
3. 掌握 VBA 程序设计的基础知识。

通过第 6 章的学习我们知道，运用宏可以完成一些比较简单的操作，如打开和关闭窗体、报表，弹出消息框，移动记录等。但是宏的功能有一定的局限性，对于复杂的操作显得有些无能为力。为了更好地支持复杂的处理和操作，Access 内置了 VBA，利用 VBA 可以解决数据库与用户交互中遇到的许多复杂问题。

VBA（Visual Basic for Application）是一种高级可视化编程版本，由 Microsoft 公司开发，是 Office 套装内置的编程语言，其语法规则、关键字与 Visual Basic 语言兼容。在 Access 系统中设计某个任务时，可以使用 Access 的各种对象，但是对于复杂的任务，用 Access 的对象不能实现时，则需要用 VBA 编程。

本章主要介绍 VBA 的编辑环境、标准模块及 VBA 程序设计基础。对于编程，要由浅入深，循序渐进。

7.1　面向对象程序设计

Access 内嵌的 VBA，采用目前主流的面向对象的程序设计方法。所谓面向对象的程序设计就是将待解决问题的全套解决方案作为一个对象来进行分析。

在面向对象的程序设计中有以下一些基本概念。

1. 对象

对象用于描述现实世界中某一具体的事物。在自然界中，对象随处可见，如学校、老师、学生、课程和手机等都可以看成是一个对象。但在 VBA 中，对象可以表现为一个表、查询、窗体、报表、控件、宏和模块等。

2. 类

类是一组具有相同特性的对象的抽象描述。对象是类的具体实例，例如手机是一个类，而某一部具体的手机就是手机类中的一个实例。类可以具有子类，子类可以继承父类的所有属性和方法，也可以根据需要加入新的属性和方法。

如在 Access 中，创建一个"表"对象，就是生成"表"类的一个实例，在面向对象的程序设计语言中，"表"已经被事先定义成了一个类，可以根据需要生成多个"表"对象。

3. 属性

属性定义了对象所具有的特征或某一方面的行为，例如，一部手机有名称、型号、颜色、价格等属性，拨打电话或接听电话则是它的行为；窗体中的一个命令按钮，有名称、标题等属性。属性由两个要素组成，即属性名和属性值，属性名用以区分对象的不同特征，属性值用以表示对象的特性。每个对象都具有属性，属性值可以在程序设计阶段，通过"属性表"窗格进行设置，也可以在程序运行时，引用某一对象的属性值或给某一对象的属性赋予一个新的值，引用方法是：<对象名>.<属性名>，如"Command1.Caption"，表示名为"Command1"的按钮对象的"Caption"属性。如"Command1.Caption = "确定""，表示为命令按钮"Command1"的"Caption"属性赋予一个值"确定"。

4. 方法

方法指的是对象能执行的动作，如 Print 方法的功能是打印输出，调用方法的格式为：<对象名>.<方法名>［<参数>］，如 Debug.Print 2*6+3，则在"立即窗口"中输出数字 15。

5. 事件与事件过程

事件是 Access 窗体或报表及其上的控件等对象可以辨认的动作，如鼠标的单击、窗体或报表的打开、关闭等，在 Access 中，可以通过两种方法来处理窗体、报表或控件的事件响应：一是使用宏对象来设置事件属性；二是为某个事件编写 VBA 代码，完成指定的动作，这样的代码过程称为事件过程或事件响应代码。

Access 还提供了一个特殊的对象——Docmd 对象，它的主要功能是通过调用包含在它内部的方法实现对 Access 的操作，如：

- Docmd.OpenForm "frmstu"，表示打开一个名为"frmstu"的窗体；
- Docmd.Close，表示关闭当前窗体；
- Docmd.Close Acform，"窗体名"，表示关闭指定的窗体；
- Docmd.OpenReport "R1"，AcviewPreview，表示打印预览输出报表 R1；
- Docmd.RunMacro "宏名"，表示运行指定的宏。

该对象还有多个方法，可以通过帮助来了解每个方法的用法及功能。

7.2　VBA 的模块及编辑环境

模块是 Access 中的一个重要对象，它以 VBA 为基础编写。模块根据不同的存在方式和使用范围可以分为类模块和标准模块两种。在数据库导航窗格中列出了已定义的模块，模块中的每一个过程都可以是一个 Function 过程或一个 Sub 过程。模块可以代替宏，并可以执行标准宏所不能执行的功能。

7.2.1　类模块和标准模块

1. 类模块

类模块是可以定义新对象的模块。在创建一个类时，即创建了一个新对象，在类模块中定义的过程都变成对象的属性和方法。

Access 的类模块可以分为两大类：系统对象类模块和用户定义类模块。

（1）系统对象类模块。窗体和报表都有自己的事件代码和处理模块，属于系统对象类模块，它们从属于各自的窗体和报表。在窗体或报表的"设计视图"模式下，单击"工具"组中的"查看代码"按钮 可以进入各自的模块代码设计区域。当为窗体或报表创建事件过程时，系统也会自动进入相应代码设计区域。

窗体和报表模块中的过程可以调用标准模块中已经定义好的过程。

（2）用户定义类模块。在打开的 VBA 窗口中，单击"插入"菜单下的"类模块"命令，就会创建一个类对象模块。注意：类模块和标准模块的图标是不同的。

2. 标准模块

标准模块是独立于窗体和报表的模块，未绑定到特定对象，以过程的形式保存代码。这些代码是由 VBA 编写的语句集合，可在整个数据库中使用。

7.2.2　将宏转换为模块

在 Access 中，可以根据需要将设计的宏转换为模块。其方法是当宏处在"设计视图"时，单击"设计"选项卡下"工具"组中的"将宏转换为 Visual Basic 代码"按钮，根据提示往后操作。

以【例 6-1】所建立的"打开窗体宏"为例，将其转为模块。

操作步骤如下：

（1）用"设计视图"打开"打开窗体宏"，单击"将宏转换为 Visual Basic 代码"按钮，出现如图 7-1 所示的对话框。

（2）单击"转换"按钮，出现如图 7-2 所示的对话框。

图 7-1　"转换宏：打开窗体宏"对话框

图 7-2　"将宏转换为 Visual Basic 代码"对话框

（3）单击"确定"按钮，则进入 VBE 界面，双击"工程资源管理器"窗口中的"被转换的宏—打开窗体宏"，就可看到相应的 VBA 代码，如图 7-3 所示。

如果要将附加在窗体上的宏转换为 VBA 代码，则让窗体处在"设计视图"下，单击"设计"选项卡下"工具"组中的"将窗体的宏转换为 Visual Basic 代码"即可。

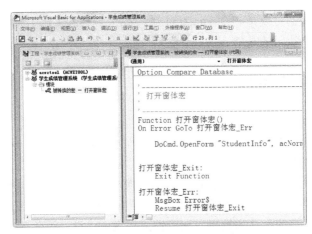

图 7-3   将宏转换为模块的代码窗口

7.2.3   VBA 编辑环境

Access 利用 Visual Basic 编辑器（Visual Basic Editor，VBE）来编写过程代码，打开 VBE 窗口有多种方法，现列出以下几种。

（1）在"创建"选项卡中单击"宏与代码"组中的"模块"、"类模块"和"Visual Basic"按钮，均可进入 VBE 编辑界面。

（2）在"数据库工具"选项卡中，单击"宏"组中的"Visual Basic"按钮。

（3）使用 Alt+F11 组合键，这对组合键可以在数据库窗口与 VBE 窗口之间进行切换。

（4）在窗体或报表的"设计视图"下，在窗体或报表上右击鼠标，在弹出的快捷菜单中选择"事件生成器"命令；或者在窗体或报表的某一控件对象上右击鼠标，在弹出的快捷菜单中选择"事件生成器"命令后，在出现的对话框中再选择"代码生成器"命令。

（5）单击"属性表"窗格的"事件"选项卡，选中某个事件后单击右边的生成器按钮 ┄。

VBE 界面如图 7-4 所示，主要由工具栏、工程资源管理器窗口、属性窗口及代码编辑区等组成。

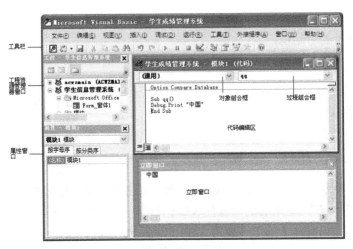

图 7-4   VBE 界面

① 工具栏。进入 VBE 界面后，工具栏显示在菜单栏下面，又称标准工具栏，如图 7-5 所示。工具栏中主要按钮说明如表 7-1 所示。

图 7-5　VBE 界面工具栏

表 7-1　工具栏主要按钮说明

按　钮	说　明	按　钮	说　明
	切换 Access 数据库窗口		打开或关闭设计模式
	插入新模块		打开工程资源管理器窗口
	运行模块程序		打开属性窗口
	中断正在运行的程序		打开对象浏览器
	终止运行，重新进入设计模块	行3,列1	代码窗口中光标所在的行号与列号

② 工程资源管理器窗口。在其中列出了应用程序的所有模块文件，还包含三个按钮："查看代码"按钮 （用于打开相应的代码窗口）、"查看对象"按钮 （用于打开相应的对象窗口）、"切换文件夹"按钮 （用于隐藏或显示对象分类文件夹）。

③ 代码编辑区。用于输入和编辑 VBA 代码，可以同时打开多个代码编辑窗口，各代码编辑窗口之间可以进行代码的复制和粘贴。在对象组合框下拉列表中可以选择不同的对象，在过程组合框下拉列表中可以选择当前对象所包含的各个过程。

④ 属性窗口。列出了所选对象的各属性，可以直接在此处编辑对象的属性，也可以在代码编辑区中编辑对象的属性。

⑤ 立即窗口。用来进行快速地计算或测试，可以通过"视图"菜单下的"立即窗口"命令打开立即窗口。在进行计算或测试时可以直接在立即窗口中用"Debug. Print"语句或"？"命令，如图 7-6 所示。

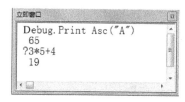

图 7-6　立即窗口

输完一条语句后，按 Enter 键换行；如果要将代码编辑区内某条语句的结果显示在立即窗口中，则只能用"Debug.Print"语句。

7.2.4　创建模块与过程

1. 创建模块

模块是 Access 的对象之一，是装着 VBA 代码的容器，一个模块包含模块名、模块声明语句及在其中建立的多个过程。在 VBE 界面中，单击"插入"菜单中的"模块"命令，或单击工具栏中"插入模块"按钮 右边的黑色三角形，在弹出的列表中选择"模块"命令，就会出现一个模块的代码编辑窗口，如图 7-7 所示，同时在工程资源管理器窗口和该模块编辑窗口的标题栏中显示出该模块的名称，默认名称为模块 1、模块 2 等，在保存模块时可以取一个有意义的名称。在新模块的代码窗口中，系统自动给出一条模块的声明语句"Option Compare Database"。在模块的声明区可以声明模块中用到的变量等，在该语句下面，用户可以定义多个过程。

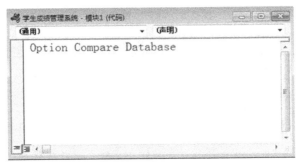

图 7-7 代码编辑窗口

2. 创建过程

过程是模块的主要组成部分，每个过程包含特定意义的代码，能完成某种特定的任务。过程分为两种：Function 过程和 Sub 过程，两者是有区别的，在 7.5 小节会提及。

在模块中添加过程的方法有：

（1）单击"插入"菜单的"过程"命令，出现如图 7-8 所示的"添加过程"对话框。在其中选择"类型"，如"子程序"，输入过程"名称"，单击"确定"按钮后在模块的代码编辑窗口中添加了一个过程，可以在其中加入代码（见图 7-9），即创建了一个名为"xx"的过程。其中过程头"Public Sub"和过程尾"End Sub"是系统自动加的，在过程中输入了一条语句"Debug.Print "中国""。若是添加 Function 过程，则在图 7-8 所示的对话框中选择"函数"。

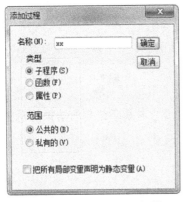

图 7-8 "添加过程"对话框

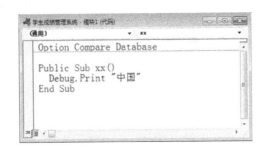

图 7-9 过程窗口

（2）单击工具栏中"插入模块"按钮 右边的黑色三角形，在弹出的列表中选择"过程"命令，同样出现如图 7-8 所示的"添加过程"对话框。

（3）直接在代码编辑窗口中输入 Public Sub 过程名()，按 Enter 键后"End Sub"过程结束语句自动生成。

3. 保存模块

模块建好后应及时保存，单击"文件"菜单的"保存"命令或工具栏中的"保存"按钮进行保存。

7.3　VBA 编程基础

编程基础
（视频）

VBA 是 Visual Basic 语言的一个子集，VBA 作为一种编程工具，其程序的组成包括各个语句、常量、变量、函数、运算符和表达式。

7.3.1　数据类型

数据类型是指数据值在计算机内存中的存储方式，不同类型的数据，由于使用它们的目的不同，因此在内存中占用的字节数也不同。VBA 语言的数据类型如表 7-2 所示。

数据类型
（视频）

表 7-2　VBA 语言的数据类型表

数据类型	存储空间大小	类型符	范　　围
整型（Integer）	2 个字节	%	$-32\ 768 \sim 32\ 767$
长整型（Long）	4 个字节	&	$-2\ 147\ 483\ 648 \sim 2\ 147\ 483\ 648$
单精度型（Single）	4 个字节	!	$-3.4 \times 10^{38} \sim 3.4 \times 10^{38}$
双精度型（Double）	8 个字节	#	$-1.797\ 34 \times 10^{308} \sim 1.797\ 34 \times 10^{308}$
字符串型（String）	与字符串长度有关	$	$0 \sim 65\ 535$ 个字符
字节型（Byte）	1 个字节	无	$0 \sim 255$
布尔型（Boolean）	2 个字节	无	True 或 False
日期型（Date）	8 个字节	无	100 年 1 月 1 日～9999 年 12 月 31 日
货币型（Currency）	8 个字节	@	$-922\ 337\ 203\ 685\ 477.580\ 8 \sim 922\ 337\ 203\ 685\ 477.580\ 7$
变体型（Variant）	根据需要分配	无	

下面对常用的数据类型加以说明。

1. 数值类型

数值类型是指可以进行算术运算的数据类型，字节型、整型、长整型、单精度型、双精度型及货币型都属于数值类型。其中，字节型、整型和长整型用于存储一个整数，它们的区别是取值范围的不同。整型、长整型可以带符号，既可以是正数，也可以是负数；但字节型只能是无符号数，即不能带正、负号。单精度型和双精度型都是用来表示浮点数的，只是双精度型表示数的范围更大。

2. 布尔型

布尔型数据（Boolean）只有两个值：True 和 False。这是一个逻辑值，一般用于表示仅有两种状态的现象，用 True 表示条件成立，用 False 表示条件不成立。在 VBA 中，布尔型数据与数值型数据可以互换。当布尔型数据转换为数值型数据时，True 转换为-1，False 转换为 0；当数值型数据转换为布尔型数据时，0 转换为 False，非 0 值转换为 True。

3. 字符串型

字符串型数据（String）用于存放字符型数据，字符可以包括所有西文字符和汉字等一切可打印的字符，字符两侧用西文的双引号作为定界符，如"中国"。

注意：

（1）定界符的双引号必须成对出现，且必须是西文的双引号。

（2）""表示空字符串，而" "表示有一个空格的字符串。

（3）若字符串中本身包含双引号，如表示字符串：中国"湖南，则用连续两个双引号表示要显示的一个双引号，即"中国""湖南"。

4. 日期型

日期型数据（Date）用来存放日期和时间，表示的日期范围是从公元 100 年 1 月 1 日到 9999 年 12 月 31 日，而时间范围是 0:00:00～23:59:59。通常所用的日期格式为：月/日/年（mm/dd/yy），时间格式为：时:分:秒 AM/PM（hh:mm:ss AM/PM）。用两个"#"将日期和时间括起来，如#10/12/2010#、#15:32:56#、#12/23/2009 05:03:45 PM#等。当时间和日期放在一起时，在日期和时间之间用一个空格隔开。

5. 变体型

变体型（Variant）是一种特殊的数据类型，可以表示任何数据类型值，包括数值、字符串、日期等。在 VBA 中，如果没有显式声明或用符号来定义变量的数据类型，则默认为变体型。

7.3.2 常量、变量和数组

在 VBA 中，要实现一些复杂的功能需要编写程序，一个程序通常由常量、变量、运算符、语句和函数等构成。下面简要介绍常量、变量和数组。

**常量与变量
（视频）**

1. 常量

常量就是在程序运行过程中固定不变的常数值，在程序中不能修改一个常量或者给常量赋予一个新值。在 VBA 中，常量有用户自定义常量和系统常量两种。

（1）用户自定义常量。用关键字 Const 定义，格式如下：

```
Const name [As type] =Value
```

其中 name 表示常量名，type 用来设置常量的数据类型，Value 表示常量的值，如：

```
Const PI As single=3.1415926
Const Mydate=#11/21/2011#
```

定义了常量 PI 为单精度型，常量 Mydate 为日期型，等号"="用于为常量赋予一个值，给常量赋了一个值以后不能再赋新值。

（2）系统常量。Access 系统内部包含若干个启动时就建立的系统常量，有 True、False、Yes、No、On、Off 和 Null 等，一般由应用程序和控件提供，可以与它们所属的对象、方法和属性等一起使用。

2. 变量

变量是指在程序运行时，其值允许发生变化的数据。在程序中，可以根据需要修改变量的值，一旦赋予变量一个新的值，原来的值将被覆盖。

（1）变量的命名。变量分为内存变量和字段变量两种，每个变量都必须有变量名，为变量命名时应该遵循以下规则：

① 以字母或汉字开头，由字母、汉字、数字或下画线组成，长度不超过 255 个字符。

② 不能使用 VBA 中的关键字，如 Print、Sub 不能用做变量名。

③ 变量名不区分大小写，在变量的作用范围中，变量名应是唯一的。

（2）变量的声明。变量声明就是定义变量的名称及类型，以便系统为其分配内存单元。变量的声明有两种。

①显式声明。即变量先定义后使用，这样可以避免发生程序错误。变量先定义后使用是较好的程序设计习惯。定义变量的语句如下：

```
Dim|Public|Private|Static name1 As type1 [, name2 As type2 [, …]]
```

其中 Dim 是定义变量的关键词；Public|Private|Static 用来指定变量的作用范围；name 表示变量名；As type 指明变量的数据类型，或在变量名后加类型符来指明变量的数据类型。如：

```
Dim s1 as integer        's1 为整型变量
```

一条 Dim 语句可以同时定义多个变量，变量之间用逗号隔开，如：

```
Dim sum%, total#         'sum 为整型变量，total 为双精度型变量
```

变量声明后，通常用等号"="给变量赋值，如：sum=100。

② 隐式声明。变量没有声明而直接使用的称为隐式声明。如：

```
Count="123"              'Count 为字符串型
Count=123                'Count 为整型数据
```

隐式声明变量时，变量的类型由它的值所决定，可以看出，随着所赋值的不同，变量的类型在不断变化。虽然这种方法很方便，但是有时会因为转换过程难以预料而导致难以查找的错误，因此使用变量时应尽量做到先声明后使用。

（3）强制声明。为了保证所有变量都能得到声明，可以在模块设计窗口的顶部"通用—声明"区域中加入语句"Option Explicit"。这样在程序运行时一旦遇到未经声明的变量名，系统就会发出错误警告。

（4）变量的作用域。变量的作用域就是变量在程序中的有效范围。变量在使用时，由于所处的位置不同，则变量起作用的范围也会不同。变量的作用域分为全局变量、局部变量和模块变量。

① 局部变量（Local）。指在过程内部用 Dim 或 Static 声明的变量（或直接使用的变

图 7-10　局部变量示例

量），只能在本过程中使用，其他的过程不可访问。不同的过程可以有相同名称的变量，彼此互不相干。如图 7-10 中有两个过程 a3 和 a4，在过程 a3 中定义变量 a 为整型变量，而在过程 a4 中定义变量 a 为字符串型，两个过程都用到了变量名为 a 的变量，但是它们的类型以及值是不同的。

Dim 和 Static 的区别在于：Dim 声明动态变量，一旦过程结束，将释放该变量所占的内存，因此该变量存储的数据会被破坏。

如有以下过程：

```
Public Sub x1()
  Dim a As Integer
  a = a + 1
  Debug.Print a
End Sub
```

a 的初始值为 0（如果一个变量被定义为数值型，则其初值为 0），每次执行该过程时，a 的初始值都重新赋值为 0，所以输出的值始终为 1。

而 Static 声明静态变量，即使过程结束，也仍然保留变量的值。

如有以下过程：

```
Public Sub x2()
  Static a As Integer
  a = a + 1
  Debug.Print a
End Sub
```

a 的初始值同样为 0，而每次执行该过程时，a 会保留上一次的值，再进行累加。第一次执行该过程时 a 的值为 1，第二次执行时 a 的值为 2。

② 全局变量（Public）。指在标准模块的任何过程或函数外，即在"通用—声明"区域中用 Public 关键字声明的变量，可被工程中的所有过程或函数访问。如图 7-11 所示，在过程组合框中选择"声明"，输入语句"Public a As Integer"，此时变量 a 为全局变量，即公共变量。也就是说，在本工程的其他模块或窗体中都可引用该变量。建议将工程中所用到的全局变量放到一个模块中定义，以便于变量查找和代码阅读。

图 7-11　全局变量示例

③ 模块变量。在"通用—声明"区域中用 Dim 或 Private 声明的变量，可被本窗体或本模块的任何过程访问。

3. 数组

数组是用相同名字保存的一系列相同数据类型的变量的集合，数组的声明方式和使用方法与变量相同，但是数组的功能比变量强大。在声明数组时通常需要指定数组的名称、类型、维数及大小，数组的维数有一维数组、二维数组等。数组的声明格式为：

```
Dim| Public | Private 数组名(<下标 1 [, <下标 2>] [, …]) as 数据类型
```

括号里的下标是一个整数，或是能得到一个整数的表达式。如果只有一个下标，则称为一维数组，数组元素的个数是下标数加 1；如果有两个下标，则称为二维数组，数组元素的个数是两个下标数分别加 1 后再相乘，依次类推。如：

```
Dim age (50) as integer
```

声明了一个一维数组，数组名是 age，类型为整型，该数组有 51 个元素，下标范围从 0 到 50，数组元素分别是 age(0)，age(1)，age(2)，…，age(50)；age(i)表示由下标 i 的值决定是哪一个元素。再如：

```
Dim sum(2, 3)as integer
```

定义了一个二维数组，数组名是 sum，类型为整型，有 3×4 共 12 个数组元素，即定义了一个三行四列的二维数组。第一个下标表示行，第二个下标表示列，在存放数组元素时，先按行存放，再按列存放。数组元素分别是 sum(0, 0)，sum(0, 1)，sum(0, 2)，sum(0, 3)，sum(1, 0)，…，sum(2, 3)，一般根据实际需要定义数组的维数和大小。

一般来说，数组的下标最小值即下界默认从 0 开始，也可以用 To 关键词指定数组的下界和上界，如 Dim a(3 to 5)，定义 a 数组是含有三个元素的一维数组，其数组元素分别是 a(3)、a(4)、a(5)，数组的上界必须大于下界。

另外，如果要使数组的下标值从 1 开始，可以在"通用—声明"段中用"Option Base 1"来指定。

若在程序运行之前不能肯定数组的大小，这时需把数组定义为动态数组，在程序运行时可以根据需要改变数组的大小，动态数组具有灵活多变的特点，有助于管理内存。

若想声明一个动态数组，只要在声明时的括号内不要写数字即可，如：

```
Dim a()as integer
```

可以在过程中使用 ReDim 语句来修改数组的大小，如：

```
ReDim a(2, 3)
```

一条 Dim 语句可以同时定义多个数组，中间用逗号隔开，如：

```
Dim a(3)As Integer, b(2, 3)As String
```

数组必须先定义后使用。

7.3.3 函数

VBA 提供了大量的标准函数（又称内部函数）供编程时使用。函数按其功能可分为数学函数、转换函数、字符串函数和日期函数等。函数的使用形式如下：

```
函数名(<参数 1> [, <参数 2>] [, <参数 3>] …)
```

其中函数名必不可少；参数放在函数名后的圆括号中，可以是常量、变量或表达式，

参数可以有一个或多个，当有多个参数时，各参数之间用逗号隔开，少数函数无参数；"[ ]"表示该项是可选项；"< >"表示该项是必选项。每个函数被调用时都有一个返回值，函数的参数与返回值都有特定的数据类型，下面按功能分类介绍一些常用的标准函数。函数的返回值可以在"立即窗口"中用"？"或"Debug.print"命令进行测试。

1. 数学函数

数学函数完成数学计算，主要包括以下函数。

（1）绝对值函数：Abs(<数值表达式>)。返回数值表达式的绝对值，如 Abs（3.4）返回 3.4，Abs(-3.4)返回 3.4。

（2）取整函数：Int(<数值表达式>)、Fix(<数值表达式>)。当参数为正数时，这两个函数都是返回参数的整数部分，结果相同；当参数为负数时，Int 函数返回小于等于参数值的第一个负数，而 Fix 函数返回大于等于参数值的第一个负数。如：Int(3.45)=3，Fix(3.45)=3，但 Int(-3.45)=-4，Fix(-3.45)=-3，Int(-3.0)=-3，Fix(-3.0)=-3。

（3）四舍五入函数：Round(<数值表达式> [，<表达式>])。按照指定的小数位数进行四舍五入，[<表达式>] 表示小数点右边应保留的位数。如：Round(3.45612，2)= 3.46，Round(3.45612，0)=3。

（4）平方根函数：Sqr(<数值表达式>)。求数值表达式的平方根，如：Sqr(9)=3。

（5）随机数函数：Rnd [（数值表达式）]。该函数返回一个小于 1 但大于或等于 0 的单精度型数据，即产生小数的范围在 [0，1）之间。当参数小于 0 时，每次产生相同的随机数；当参数大于 0 时，每次产生新的随机数；如果参数等于 0，每次产生最近生成的随机数，且生成的随机数序列相同。通常不需要带任何参数，默认参数值大于 0，不带参数时，圆括号也可省略。

通常用该函数生成某一范围内的随机整数，如生成 [a，b] 之间的随机整数，这时用下面的公式：Int((b-a+1)*Rnd+a)。

2. 字符串函数

（1）字符串长度函数：Len(<字符串表达式>或<变量名>)。返回字符串所含的字符数，或是存储一个变量所需的字节数，如：

```
Len("hello")'返回 5
Len("数据库应用教程")'返回 7，即该字符串的字符数
Dim str1 as string*10    '定义 str1 为含有 10 个字符的字符变量
str1="数据库"            '为 str1 赋值
Len(str1)'返回 10，因变量 str1 预先被定义长度 10，而非返回它的实际字符数
```

（2）字符串查找函数：Instr([start]，<字符串 1>，<字符串 2>)。返回第二个字符串在第一个字符串中最早出现的位置。如：

```
Instr("visual basic", "s")'返回 3
```

如果没有找到则返回 0，如：

```
Instr("visual basic", "sa")'返回 0
```

start 参数用来说明开始查找的起始位置，省略该参数表示从第一个字符位置开始查

找。如：

```
Instr(6, "visual basic", "s")'返回 10
```

（3）字符串截取函数。

Left(<字符串表达式>，<N>)：从字符串左侧截取 *N* 个字符。

Right(<字符串表达式>，<N>)：从字符串右侧截取 *N* 个字符。

Mid(<字符串表达式>，<N1>，<N2>)：从字符串左侧第 *N*1 个字符起截取 *N*2 个字符。

注意：对于 Mid 函数，如果省略 N2，则返回从 N1 开始的右边所有字符，如：

```
str1="数据库应用基础教材"
Left(str1, 3)          '返回"数据库"
Right(str1, 2)         '返回"教材"
Mid(str1, 4, 2)        '返回"应用"
Mid(str1, 4)           '返回"应用基础教材"
```

（4）产生空格函数：Space(<数值表达式>)。返回数值表达式的值指定的空格字符数。如：

```
Space(3)               '返回含有 3 个空格的字符串
```

（5）大小写转换函数。

Ucase(<字符串表达式>)：将字符串中的小写字母转换成大写字母

Lcase(<字符串表达式>)：将字符串中的大写字母转换成小写字母

（6）删除空格函数。

LTrim(<字符串表达式>)：删除字符串左侧的空格

RTrim(<字符串表达式>)：删除字符串右侧的空格

Trim(<字符串表达式>)：删除字符串两端的空格

如：

```
Str1="□□数据库□□"     ' □表示一个空格
LTrim(Str1)            '返回"数据库□□"
RTrim(Str1)            '返回"□□数据库"
Trim(Str1)            '返回"数据库"
```

3. 转换函数

通常，同一种类型的数据在计算时，不会引起任何问题，但不同类型的数据在进行计算时，往往会引起数据类型不一致的问题。这时就得将不同类型的数据转换成相同类型，以免出现错误。VBA 内置了若干用于类型转换的函数，下面介绍一些常见的函数。

（1）字符转 ASCII 函数：Asc(<字符串表达式>)。将字符串表达式中的第一个字符转换为 ASCII 数据，如 Asc("ABCD")，返回数值 65。

（2）ASCII 转换为字符函数：Chr(<数值>)。将 ASCII 数值转换为相对应的字符，如：Chr(65)，返回字符"A"。

Chr()和 Asc()函数互为一对反函数，即 Chr(Asc())、Asc(Chr())的结果为原来各自的值。如：Asc(Chr(65))返回值还是 65。

（3）数值转为字符串函数：Str(<数值表达式>)。将数值表达式转换为字符串，当数值为正数时，返回的字符串包含一个前导空格，表示有一个正号；当为负数时，负号原样显示。如：

```
str(-56.7)          '返回-56.7
str(56.7)           '返回 56.7，数字前面有一个空格
```

（4）字符串转为数值函数：Val(<字符串表达式>)。将字符串表达式转换为数值型数据，当字符串中出现非数字字符时，停止转换，返回值为停止转换前的结果；当字符串的第一个字符为非数字字符时，返回结果为 0。如：

```
Val("23")+10        '返回 33
Val("23ab45")       '返回 23
Val("H23ab45")      '返回 0
```

4. 日期/时间函数

日期/时间函数的功能是处理日期和时间，主要有以下函数。

（1）获取系统日期和时间的函数。

Date()：返回当前系统日期。

Time()：返回当前系统时间。

Now()：返回当前系统日期和时间。

DateSerial()：返回指定的年、月、日所组成的日期型数据。例如，DateSerial(1996，10，5)则返回 1996/10/5。

（2）截取日期分量函数。

Day(<日期表达式>)：返回日期中的某一日，如 Day(#12-23-2010#)，返回值为 23。

Weekday(<日期表达式>)：返回日期中的星期几，用数字 1～7 来表示，1 表示星期日，依次类推。

Month(<日期表达式>)：返回日期中的月份。

Year(<日期表达式>)：返回日期中的年份。

（3）截取时间分量函数。

Hour(<时间表达式>)：返回时间中的小时数，用 0～23 表示。

Minute(<时间表达式>)：返回时间中的分钟数，用 0～59 表示。

Second(<时间表达式>)：返回时间中的秒数，用 0～59 表示。例如，

```
t=#10：23：45#
Hour(t)             '返回 10
Minute(t)           '返回 23
Second(t)           '返回 45
```

5. 颜色函数

（1）QBColor 函数：QBColor(N)。

功能：通过 N(颜色代码)的值产生一种颜色。N 的取值范围是 0～15 之间的整数，总共可产生 16 种颜色。

（2）RGB 函数：RGB(N1，N2，N3)。

功能：通过 N1，N2，N3（红、绿、蓝）三种基本颜色代码产生一种颜色，其中 N1、

N2、N3 的取值范围为 0～255 之间的整数。可见 RGB 函数产生的颜色种类比 QBColor 函数要多得多。

6. 常用测试函数

（1）IsArray(Varname)。测试 Varname 是否是数组，Varname 可以是任意变量。如果变量是数组，IsArray 函数返回 True；否则返回 False。

（2）IsNumeric(expression)。测试 expression 是否是数值类型，如果 expression 的结果是数字，则返回 True；否则返回 False。

（3）IsNull(expression)。测试 expression 是否包含有效数据，如果 expression 为 Null，则 IsNull 返回 True；否则 IsNull 返回 False。

（4）IsError(expression)。指出表达式是否为一个错误值。

7.3.4 运算符和表达式

运算符是表示数据之间运算方式的运算符号，一般根据处理数据类型的不同可分为算术运算符、关系运算符、逻辑运算符和连接运算符等。表达式是将变量、常量、函数通过运算符和圆括号连接起来的算式。表达式中的操作对象必须具有相同的数据类型，如果操作对象的类型不相同，则必须将它们转换成同种的数据类型才能进行运算。表达式进行运算后得到一个值，表达式的值的类型与表达式的类型相关。根据表达式的值的数据类型，可以将表达式分为算术表达式、字符串表达式、关系表达式、日期表达式和逻辑表达式。

1. 算术表达式

算术表达式是由数值型的常量、变量、函数和算术运算符组成的算式。算术运算符如表 7-3 所示。

表 7-3 算术运算符

运算符	含　义	优先级
（）	圆括号	高
^	乘方运算（指数运算），如 2 的 3 次方写成 2^3	
−	取一个数的负数，−x，−6	
*、/	乘（×）、除（÷），如 3×4÷2 写成 3*4/2	
\	整除，取两个数相除的整数，如 7\3 的值为 2	
Mod	取余，取两个数相除的余数，如 7 mod 3 的值为 1	
+、−	加、减	低

注：在整除"\"中，当除数是小数时，先进行四舍五入再来相除，如 7\2.4=3，7\2.6=2。

2. 字符串表达式

字符串表达式是由字符型的常量、变量、函数和字符运算符组成的，字符串运算只有连接运算一种类型，VBA 提供了两个连接运算符："&"和"+"。这两个运算符都是将两个或多个字符串连接成一个新的字符串，如："abc"&"def"结果为"abcdef"，"abc"+"def"结果也为"abcdef"。

但是，"+"运算符在两个运算对象都是数值型时进行加法运算，两个运算对象都是字符串时才进行连接运算，当一个运算对象是数值型而另一个运算对象是数字字符串时，将字符串转换为数值进行加法运算。如：12+"2"的结果为14。

"&"运算符在两个运算对象都是字符串时进行连接操作，当一个运算对象是数值而另外一个对象是字符串时，将数值转为字符串进行连接操作，如12&"2"的结果为"122"。

所以在进行字符串运算时，要注意数据类型的统一，以免引起错误。字符串的连接一般推荐用"&"运算符。

3. 关系表达式

关系表达式用于数值、字符、日期型数据的比较运算。比较结果是一个布尔型数据 True 或 False。VBA 提供了 6 种关系运算符：<（小于）、>（大于）、=（等于）、<>或><（不等于）、<=（小于等于）、>=（大于等于）。所有关系运算符的优先级相同，运算时按从左到右处理，要求运算符两侧的运算对象的数据类型完全一致。

数值型数据按大小比较；字符型数据按 ASCII 比较；日期型数据按"年/月/日"进行比较，即先比较两个日期的年份，年份早的反而小，当年份相同时再比较月份，当月份相同时再比较日。如：

```
12<34                          '结果为 True
"B"<"A"                        '结果为 False
#10-23-2004#<#10-23-2005#      '结果为 True
```

4. 日期表达式

日期表达式是由日期型变量、常量、函数和运算符组成的式子。日期型数据能进行下列两种运算：

（1）两个日期型数据相减，结果是一个数值型数据（表示两个日期相差的天数）。如#10-23-2010#-#10-3-2010#，结果为20。

（2）一个日期型数据加（或减）一个数值，结果为日期型数据。如#10-23-2010#+5，结果为 2010-10-28，#10-23-2010#-5，结果为 2010-10-18。

5. 逻辑表达式

由逻辑型变量、常量、函数和运算符组成，用来对逻辑型数据进行各种逻辑运算，VBA 常用的逻辑运算符有：

（1）And。逻辑与运算，对两个逻辑型数据进行与运算，如果两个逻辑值均为 True，则与运算的结果为 True，否则为 False。如：

```
3*4>10 And 2+1<5               '结果为 True
3*4>10 And 2+1>5               '结果为 False
```

（2）Or。或运算，对两个逻辑值进行或运算，如果两个逻辑值均为 False，则或运算的结果为 False，否则为 True。如：

```
3+4>8 Or 2*3>7                 '结果为 False
3+4>8 Or 2*3<7                 '结果为 True
```

（3）Not。非运算，由真变假或由假变真，进行"取反"运算，即 True 的反是 False，False 的反是 True。如：2*3<7 结果为 True，但是 Not（2*3<7）结果为 False。

综上所述，逻辑运算符遵循的运行规则如表 7-4 所示。

表 7-4　逻辑运算符遵循的运行规则

A	B	Not A	A And B	A Or B
True	True	False	True	True
True	False	False	False	True
False	True	True	False	True
False	False	True	False	False

逻辑运算符的优先级为：Not—And—Or。

运算符的优先级别为：算术运算符—字符运算符—关系运算符—逻辑运算符。

7.4　VBA 程序控制

程序设计就是利用一种计算机语言，编写出一套计算机能够执行的程序，以解决实际问题。

程序是由大量的语句构成的，一条语句是能够完成某项操作的命令。在书写语句时要遵循一定的规则，否则程序会出错。在 VBA 中有以下一些书写规则。

（1）通常一条语句写一行，如果语句太长，一行写不下要换行时，需在上一行的末尾加上续行符"_"，即在上一行末尾字符后面加一个空格，再加一个下画线。

（2）如果语句较短，也可将多条语句写在一行，语句间用"："隔开。

（3）命令中不区分大小写。

（4）一行命令以 Enter 键结束。

（5）在书写过程中，如果有内容出现红色，则表示有错误，需修改。

（6）可以用 Rem 或"'"为程序或语句加上注释，注释不被执行。Rem 注释单独占一行；"'"注释可以单独占一行，也可以放在一条语句的后面。如：

```
Rem 函数实例
Debug.Print Int（4.56）'测试 int 函数
'测试 sqr 函数
Debug.Print Sqr（9）
```

Rem 和"'"后面的文字均为绿色，在程序运行时不被执行，只起到解释说明的作用。

与传统的程序设计语言一样，VBA 也具有结构化程序设计的三种基本结构，即顺序结构、选择结构和循环结构。

7.4.1　顺序结构

顺序结构就是各条语句按出现的先后次序执行。顺序结构的语句一般

顺序结构
（视频）

包括赋值语句、输入/输出语句等。

1. 赋值语句

赋值语句是程序设计语言中最基本的语句，其作用是为一个变量指定一个值或表达式。其格式为：

[Let] 变量名=值或表达式

其中，[Let] 为可选项。如：

```
Dim Sum as integer              '定义 sum 变量为整型
Sum=90                          '给 Sum 变量赋值
```

注意：不能在一条赋值语句中，同时给多个变量赋值，如要对三个变量赋初值 6，则不能用 x=y=z=6，必须给每个变量单独赋值，即用 x=6；y=6；z=6。

2. 输入/输出语句

输入/输出可以通过文本框等控件实现，输出也可以用 Print 方法，此处介绍人机交互的两个函数。

输出语句
（视频）

（1）InputBox()函数。

格式：InputBox（提示信息，[标题] [，默认] [，X 坐标] [，Y 坐标]）

提示信息：该项不能省，是字符串表达式，在对话框中作为信息显示。

标题：字符串表达式，在对话框的标题栏区显示信息。

默认：作为输入框的默认值。

输入语句
（视频）

X 坐标，Y 坐标：对话框左上角在屏幕上显示的坐标位置。

功能：在程序运行时，显示一个消息框，等待用户输入信息，单击"确定"按钮或按 Enter 键时，函数返回输入的值，其值的类型为字符串。如语句：myname=InputBox（"请输入姓名"），当程序运行到该语句时，出现如图 7-12 所示的消息框，提示用户输入姓名。输完姓名后按 Enter 键或单击"确定"按钮，即将输入框中的内容赋给变量 myname。

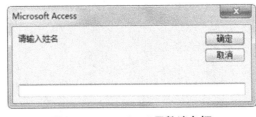

图 7-12 InputBox()函数消息框

（2）MsgBox()函数。

格式：MsgBox(提示信息，[按钮] [，标题])

提示信息和标题：意义与 InputBox 函数中对应的参数相同。

按钮：整型表达式，决定消息框按钮的数目和类型及出现在消息框上的图标类型，其设置如表 7-5 和表 7-6 所示。

表 7-5　按钮类型的设置值及含义

分组	按钮值	系统定义符号常量	含　义
按钮的类型	0	vbOKOnly	只显示"确定"按钮
	1	vbOKCancel	显示"确定"和"取消"按钮
	2	vbAboutRetryIgnore	显示"终止"、"重试"和"忽略"按钮
	3	vbYesNoCancel	显示"是"、"否"和"取消"按钮
	4	vbYesNo	显示"是"和"否"按钮
	5	vbRetryCancel	显示"重试"和"取消"按钮
图标类型	16	vbCritical	显示停止图标
	32	vbQuestion	显示询问图标
	48	vbExclamation	显示警告图标
	64	vbInformation	显示信息图标
默认按钮	0	vbDefaulButton1	第一个按钮为默认按钮
	256	vbDefaulButton2	第二个按钮为默认按钮
	512	vbDefaulButton3	第三个按钮为默认按钮

表 7-6　MsgBox 函数返回所选按钮整数值的意义

系统符号常量	返回值	按下的按钮
vbOK	1	确定
vbCancel	2	取消
vbAbort	3	终止
vbRetry	4	重试
vbIgnore	5	忽略
vbYes	6	是
vbNo	7	否

　　表 7-5 中三组方式可以组合使用（可以用按钮值，也可以用系统定义符号常量）。

　　功能：打开一个消息框，等待用户选择一个按钮，MsgBox 函数返回所选按钮的数值，若不需要返回数值，则 MsgBox 可以作为过程使用，此时不带圆括号。

　　如果在图 7-12 中输入的姓名为"张三"，则语句"MsgBox "你的姓名为"+myname, 1+64+0, "消息框""，出现的界面如图 7-13 所示。

图 7-13　MsgBox 消息框

7.4.2　选择结构

　　在程序设计中，用顺序结构的思想只能解决一些简单的问题，要解决一些比较复杂的问题，通常要用到选择结构（分支结构）和循环结构的程序设计方法。选择结构根据给定的条件是否为真，决定执行不同的分支，完成相应的操作。在选择结构中的条件语句有以下几种。

1. If…Then 语句

If…Then 语句为单分支结构，其格式为：

If 单分支结构
（视频）

```
If <条件表达式> Then <语句序列>
或
If<条件表达式> Then
    <语句序列>
End If
```

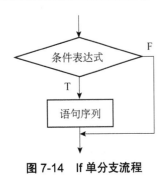

图 7-14 If 单分支流程

其功能是先计算条件表达式的值，如果条件表达式的值为 True，则执行语句序列；如果为 False，则什么也不执行。其流程如图 7-14 所示。

【例 7-1】 编程实现从键盘输入一个成绩，如果成绩大于等于 60 分，则显示"及格"；如果成绩不满足这个条件，则不显示任何信息。

分析：要求从键盘输入成绩，可以用 InputBox 函数实现，该函数输入的数据是字符型数据，所以用转换函数 Val 将字符型转为数字型，才能与数字 60 进行比较。程序清单如图 7-15（a）所示。

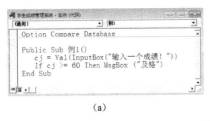

(a)

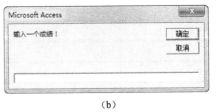

(b)

(c)

图 7-15 If 单分支示例

建立该程序的操作步骤如下：

（1）在数据库窗口中，单击"数据库工具"选项卡"宏"组中的"Visual Basic"按钮，进入 VBA 编辑窗口。

（2）单击"插入"菜单下的"模块"命令，新建一个模块。

（3）在模块中，创建一个名为"例 1"的过程，在过程中输入语句，对模块以名称"实例"保存。

（4）执行"运行"菜单中的"运行子过程/用户窗体"命令，或单击工具栏中的"运行子过程/用户窗体"按钮 ▶，或按 F5 键运行程序，出现输入成绩的提示框，如图 7-15（b）所示。

假如在该图的输入框中输入"70"，单击"确定"按钮，则出现一消息框，如图 7-15（c）所示。

通过例 7-1 可以看出，判断结构中使用的"条件"就是比较语句。

2. If…Then…Else 语句

If…Then…Else 语句为双分支结构，其格式为：

```
If <条件表达式> Then <语句序列 1> Else <语句序列 2>
或
If <条件表达式> Then
    <语句序列 1>
Else
    <语句序列 2>
End If
```

当条件表达式成立，也就是其值为 True 时，执行语句序列 1，否则执行语句序列 2。语句序列 1 与语句序列 2 每次只能执行一个，不能同时执行，其流程如图 7-16 所示。

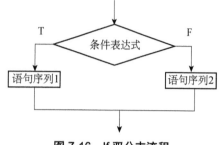

【例 7-2】　从键盘输入一个成绩，如果成绩大于等于 60 分，则在立即窗口中显示"及格"，否则显示"不及格"。

图 7-16　If 双分支流程

分析：此例中，当条件满足时，显示一个信息，当条件不满足时显示另一个信息，这是与例 7-1 不同的地方。

程序清单如下：

```
cj = Val (InputBox ("输入成绩"))
If cj >= 60 Then
  Debug.Print "及格"
Else
  Debug.Print "不及格"
End If
```

当输入的成绩大于或等于 60 分时，执行 Else 前面的 Print 语句；当输入的成绩小于 60 分时，执行 Else 后面的 Print 语句。

3. If…Then…ElseIf 语句

双分支结构只能根据条件是否成立决定执行两个分支中的一个，但在处理实际问题时，往往有多个条件，这就得用多分支结构。

其格式为：

If 双分支语句
（视频）

```
If <条件表达式 1> Then
        <语句序列 1>
ElseIf <条件表达式 2> Then
        <语句序列 2>
    …
[Else
        <语句序列 n+1>]
End If
```

首先测试条件表达式 1 的值，如果为 True，则执行语句序列 1，然后再执行 End If 后的语句，不再判断其他的条件表达式，不再执行其他的语句序列。如果条件表达式 1 的值为 False，则不执行语句序列 1，而去判断条件表达式 2 的值，如果条件表达式 2 的值为 True，则执行语句序列 2，依次类推。当所有条件表达式的值都为 False 时，则执行<语句序列 n+1>，其流程如图 7-17 所示。

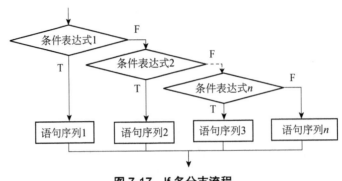

图 7-17　If 多分支流程

【例 7-3】　从键盘输入一个成绩 cj，判断其等级，优秀（cj≥90）、良好（80≤cj＜90）、中等（70≤cj＜80）、及格（60≤cj＜70）和不及格（cj＜60）。

很显然，这是一个多分支结构的程序，判断的条件比较多，要注意条件的表达方式与数学的表达方式有些不一样。程序清单如下：

```
cj = Val (InputBox ("输入成绩"))
If cj >= 90 Then
    Debug.Print "优秀"
ElseIf cj >= 80 And cj < 90 Then
    Debug.Print "良好"
ElseIf cj >= 70 And cj < 80 Then
    Debug.Print "中等"
ElseIf cj >= 60 And cj < 70 Then
    Debug.Print "及格"
Else
    Debug.Print "不及格"
End If
```

4. If 语句的嵌套

嵌套是指 If 后面的语句序列中又出现了 If 语句。

其格式为：

```
If <条件表达式 1> then
    If <条件表达式 2> then
        ...
    End If
    ...
End If
```

要注意的是，多个 If 语句间是包含关系，不是交叉关系；为了增强程序的可读性，书写时采用锯齿型；If 语句形式若不在一行上书写，必须与 End If 配对，即一个 If 必须有一个 End If，否则程序会出错。

5. Select Case…End Select 语句

当要判断的条件表达式比较多时，用 If 语句可能会使程序变得比较复杂，这时可以用 Select Case…End Select 语句。

其格式为：

```
Select Case 变量或表达式
Case 表达式 1
        <语句序列 1>
Case 表达式 2
        <语句序列 2>
            …
[Case Else
语句序列 n+1]
End Select
```

首先计算变量或表达式的值，然后与下面各个表达式比较，如果与哪个表达式相匹配，则执行其后的语句序列，然后执行 End Select 后面的语句；如果与多个表达式的值相匹配，则根据自上而下的判断原则，只执行第一个与之匹配的语句序列；如果没有相匹配的表达式，则执行 Case Else 后的语句序列。

表达式 i 与"变量或表达式"的类型必须相同，可以是"表达式"、"表达式 To 表达式"或"Is 关系运算符表达式"。其流程如图 7-18 所示。

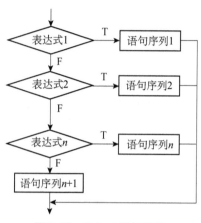

图 7-18　Select 语句流程

【例 7-4】　用 Select 语句结构改写例 7-3。

程序清单如下：

```
cj = Val (InputBox ("输入成绩"))
Select Case cj
Case Is >= 90
     Debug.Print "优秀"
Case Is >= 80
     Debug.Print "良好"
Case Is >= 70
     Debug.Print "中等"
Case Is >= 60
     Debug.Print "及格"
Case Else
     Debug.Print "不及格"
End Select
```

【例 7-5】　随机输入一个字符，判断其是大写字母、小写字母、数字字符还是其他字符。

程序清单如下：

```
a = InputBox ("输入一个字符")
Select Case Asc (a)
Case 97 To 122                    '小写字母的 ASCII 范围
        Debug.Print a & "是小写字母"
Case 65 To 90                     '大写字母的 ASCII 范围
        Debug.Print a & "是大写字母"
Case 48 To 57                     '数字字符的 ASCII 范围
        Debug.Print a & "是数字字符"
Case Else
```

```
    Debug.Print a & "是其他字符"
End Select
```

6. 条件函数

除了上述条件语句，VBA 还提供了三个函数来完成相应的选择操作。

（1）IIF()函数。

格式：IIF(条件表达式，表达式 1，表达式 2)

功能：当条件表达式为真时，返回表达式 1 的值，否则返回表达式 2 的值。

例如，求 x、y 中较小的数，放到变量 min 中，语句如下：

```
min=IIF（x<y, x, y）
```

（2）Switch()函数。

格式：Switch(条件表达式 1，表达式 1 [，条件表达式 2，表达式 2 [，…]])

其参数列表由多对条件表达式和表达式组成，条件表达式由左至右进行计算，而表达式则会在第一个相关的条件表达式为真时作为函数的返回值返回。

当没有一个条件表达式为真，或者第一个条件表达式为真时的表达式的值为 Null 时，则该函数返回一个无效值（Null）。

【例 7-6】 求分段函数

$$y = \begin{cases} 3x+5 & (x>0) \\ 1 & (x=0) \\ x^2+1 & (x<0) \end{cases}$$

程序清单如下：

```
x = val（InputBox（"输入 x"））
y = Switch（x > 0, 3 * x + 5, x = 0, 1, x < 0, x * x + 1）
Debug.Print x, y
```

（3）Choose()函数。

格式：Choose（索引式，选项 1 [，选项 2 [，…]])

根据"索引式"的值来返回选项列表中的某个值，若"索引式"的值为 1，则返回"选项 1"的值，若为 2，则返回"选项 2"的值，依次类推。只有在"索引式"的值介于 1 和可选择的项目数之间，函数才返回其后的选项值；当"索引式"的值小于或大于列出的选择项数时，函数返回 Null 值。

【例 7-7】 根据变量 x 的值为变量 z 赋值。

程序清单如下：

```
x = val（InputBox（"输入 x"））
z = Choose（x, x + 1, x + 2, x + 3）
Debug.Print z
```

如果输入的 x 为 1，则 z 的值为 2；如果 x 为 2，则 z 的值为 4；如果 x 为 3，则 z 的值为 6；如果 x 的值不在 [1, 3] 的范围内，则 z 的值为 Null。

如果索引式为小数，则使用前将被截尾取整，但后面的选项中用到的索引式不取整。

以上三个函数被广泛用于查询、宏及计算控件的设计中。

7.4.3　循环结构

编程时经常需要在指定的条件下重复执行某些操作，这时可以用循环结构来实现。VBA 支持的循环语句有：For…Next、Do…Loop 和 While…Wend 语句。

1. For…Next 语句

For 用于循环次数预知的循环结构，其格式如下：

For 循环变量=初值 To 终值 ［Step 步长］

　　　　　语句序列
　　　　　［Exit For］　　｝循环体
　　　　　语句序列

Next ［循环变量］

循环变量一般为整数，步长为正数时，初值应小于终值，步长为负数时，初值应大于终值，步长的默认值为 1，每循环一次，循环变量加上步长。注意步长为负数的时候，循环变量加的也是负数。循环变量变化后如果在 ［初值，终值］ 的范围之内，则执行循环体，如果不在这个范围之内，则退出循环执行 Next 后的语句。

在循环体内当遇到 Exit For 语句时，则退出循环，执行 Next 后的语句。

循环次数=$\mathrm{Int}\left(\dfrac{终值-初值}{步长}+1\right)$，其流程如图 7-19 所示。

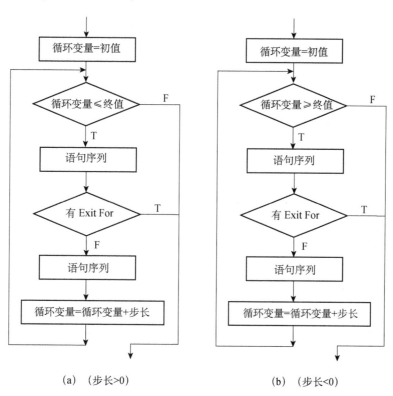

(a)　（步长>0）　　　　　　(b)　（步长<0）

图 7-19　For 循环语句的流程

【例 7-8】 求 s=1+2+3+…+100。

这是一个典型的累加问题，需要设置一个循环变量 i 和一个存放累加和的变量 s。s 的初始值为 0；i 的初始值为 1，每累加一次，i 需加 1 变成下一个数，当 i 的值大于 100 时，不再累加。程序清单如下：

```
Dim i As Integer, s As Integer
s = 0
For i = 1 To 100
    s = s + i
Next
Debug.Print s
```

【例 7-9】 求水仙花数，所谓水仙花数是指一个三位数，其各位数字的立方和等于这个数。

程序清单如下：

```
Dim i As Integer, a As Integer, b As Integer, c As Integer
For i = 100 To 999
    a = Int (i / 100)                   '取百位数
    b = Int ((i - a * 100) / 10)        '取十位数
    c = i Mod 10                        '取个位数
If a ^ 3 + b ^ 3 + c ^ 3 = i Then
Debug.Print i
    End If
Next
```

在这两个例题中，循环变量的初始值和终止值都是确定的，循环次数也是确定的。但有时候循环变量的值和循环次数是未知的，就得用下述循环语句。

2. Do…Loop 语句

Do…Loop 循环语句有 4 种形态，当循环次数不确定时，用该循环语句结构来实现。

（1）Do While…Loop 语句。其格式为：

  Do While<条件表达式>

    语句序列 ⎤

    [Exit Do] ⎬ 循环体

    语句序列 ⎦

  Loop

当条件表达式为真时，执行循环体中的语句，Exit Do 用来提前退出循环，此时需用 If 语句来判断。其流程如图 7-20 所示。

【例 7-10】 设某国今年的人口总数为 2 亿，若以每年 3%的速度递增，试求出多少年以后该国人口总数翻一番。

程序清单如下：

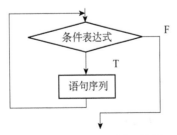

图 7-20 Do While 循环流程

```
x=2
n=0
Do While x<4
```

```
  x=x+x*0.03
  n=n+1
Loop
Debug.print x, n
```

【例 7-11】 编程求 100 以内的最大自然数 n，使得从 1 开始的连续 n 个自然数的平方和小于 5000。

程序清单如下：

```
Dim i As Integer, s As Integer
i = 1
s = 0
Do While i <= 100
  s = s + i ^ 2
  If s >= 5000 Then
    Exit Do
  End If
  i = i + 1
Loop
Debug.Print  i-1
```

思考：为什么输出的是 i-1 而不是 i。

（2）Do Until···Loop 语句。其格式为：

　　Do Until<条件表达式>

　　　　语句序列

　　　　[Exit Do]　　　循环体

　　　　语句序列

　　Loop

当条件表达式为假时，执行循环体，直到条件表达式为真，结束循环。其流程如图 7-21 所示。

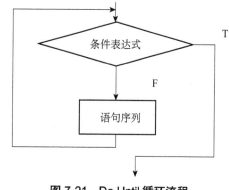

图 7-21　Do Until 循环流程

【例 7-12】 编程求 100 以内的自然数中能同时被 3 和 7 整除的数之和。

程序清单如下：

```
Dim i As Integer，s As Integer
i = 1
s = 0
Do Until i > 100
  If i Mod 3 = 0 And i Mod 7 = 0 Then
    s = s + i
  End If
  i = i + 1
Loop
Debug.Print s
```

思考：用 Do While 语句该怎样编写此程序？

以上两种结构先判断条件，再执行循环体，当条件不成立时，可能一次也不执行。以下两种结构是先执行循环体，再判断条件，循环体中的语句至少被执行一次。

（3）Do…Loop While 语句。其格式为：

Do

语句序列
［Exit Do］ 循环体
语句序列

Loop While<条件表达式>

先执行循环体中的语句，再来判断条件表达式。当条件表达式为真时，再转到 Do 处执行下一次循环；当条件为假时，则退出循环。其流程如图 7-22 所示。

【例 7-13】 随机输入一个整数，求该数的阶乘。

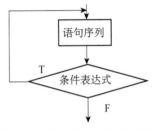

图 7-22 Do…Loop While 流程

程序清单如下：

```
Dim s As Integer
s = 1
a = Val (InputBox ("输入一个数"))
Do
    s = s * a
    a = a - 1
Loop While a >= 1
Debug.Print s
```

（4）Do…Loop Until 语句。其格式为：

Do

语句序列
［Exit Do］ 循环体
语句序列

Loop Until<条件表达式>

该结构也是先执行一次 Do 的循环体，再判断条件表达式。当条件表达式不成立时，再返回 Do 处执行循环体；当条件表达式成立时，则退出循环。其流程如图 7-23 所示。

【例 7-14】 用 Do…Loop Until 语句改写例 7-13。

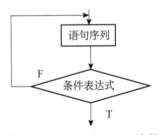

图 7-23 Do…Loop Until 流程

程序清单如下：

```
Dim s As Integer
s = 1
a = Val (InputBox ("输入一个数"))
Do
    s = s * a
    a = a - 1
Loop Until a <= 1
Debug.Print s
```

3. While…Wend 语句

While…Wend 语句与 Do While…Loop 语句的功能相似，只是该语句的循环体内不带 Exit Do 语句。其格式为：

While <条件表达式>

　　循环体

Wend

从以上几种循环语句中可以看出，一个完整的循环结构需要由以下两部分组成：

① 确定循环变量，在循环以前给循环变量赋初始值。

② 确定循环体，有循环变量变化的语句，应避免死循环。

4. 循环嵌套

通常，在处理某些问题时，常需要在循环体内再进行循环的操作，这种情况称为多重循环，又称为循环的嵌套。在执行时，外层循环每执行一次，内层循环就从头开始执行一轮。

【例 7-15】　编程求 $s=1!+2!+3!+\cdots+n!$，n 从键盘随机输入。

这里用到了双重循环，内层循环用来求一个数的阶乘，外层循环用来对阶乘进行累加。程序清单如下：

```
Dim s As Integer, t As Integer, i As Integer, j As Integer
n = Val(InputBox("请输入一个数字"))
s = 0
For i = 1 To n
    t = 1
    For j = 1 To i
        t = t * j
    Next j
    s = s + t
 Next i
Debug.Print s
```

7.5　过程调用和参数传递

本章前面介绍了过程的创建及运行，下面介绍过程的调用和参数的传递。

7.5.1　创建事件过程

事件过程是控件自带的，系统已经为每个控件定义了过程名，用户可以在过程组合框中选择过程名，然后在过程中编写一系列语句，以便对该事件做出反应。

常见的事件有：

● 键盘事件（如键按下、键释放、击键等）。

● 鼠标事件（如单击、双击、鼠标按下、鼠标释放、鼠标移动等）。

● 窗体事件（如打开、加载、单击、双击、关闭等）。

由于窗体的事件比较多，在打开窗体时，将按照以下顺序发生相应的事件：打开（Open）→加载（Load）→调整大小（Resize）→激活（Activate）→成为当前（Current）。

在关闭窗体时，将按照以下顺序发生相应的事件：卸载（Unload）→停用（Deactivate）→

关闭（Close）。

● 对象事件（如获得焦点、失去焦点、更新前、更新后、更改等）。

● 操作事件（如删除、插入前、插入后、成为当前等）。

引发事件不仅仅是用户的操作，程序代码或操作系统都有可能引发事件。例如，如果窗体或报表在执行过程中发生错误便会引发窗体或报表的"出错"（Error）事件；当打开窗体并显示其中的数据时会引发"加载"（Load）事件；当用鼠标单击一个按钮时，会引发"单击"（Click）事件。

在事件过程的代码中，通常要用到窗体或报表及其中控件的一些属性，引用窗体中某控件的属性的方法是：[Forms]![窗体名]![控件名].属性名（如果是报表，则将 Forms 改成 Reports，窗体名改成相应的报表名）。如果是当前的窗体或报表，则通常用"Me"代替前面两项，如：[Forms]![Frm1]![Cmd1].Caption="hello"，可以写成 Me![Cmd1].Caption="hello"。控件名前面的感叹号"！"也可写成点号"．"，各名称外的中括号均可省略，如 Me.Cmd1.Caption="hello"。

下面以一个简单的事件过程为例，介绍如何创建事件过程。

【例 7-16】 在"TeacherInfo"表中增加一个"是否党员"字段，字段"类型"为"是/否"型。以这个表为数据源建立如图 7-24 所示的报表，"修改"和"可见"两个按钮的"名称"分别是"com1"和"com2"，在属性表中将"com1"的"可见"和"可用"属性均设为"否"。分别编写代码完成如下的操作。

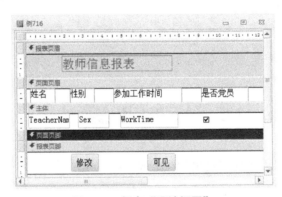

图 7-24 报表"设计视图"

① "是否党员"复选框依据"Sex"和"WorkTime"字段的值来显示状态信息。在 1995 年以前参加工作的女职工，则显示打钩状态，否则显示空白状态。

② 单击"可见"按钮，则"修改"按钮变成可见和可用。

③ 在报表页眉区有一标签（Title），当单击"修改"按钮时，将标签的"字体"改为黑体，"字号"改为 18 号，"颜色"变成红色，"背景色"变成蓝色。

操作步骤如下：

（1）单击"是否党员"复选框，打开其"属性表"窗格，在"控件来源"属性中输入或生成表达式"=IIF([Sex]= "女" And Year ([WorkTime]) <1995, True, False)"

（2）右击"可见"按钮，在弹出的快捷菜单中选择"事件生成器"，再选择"代码生成器"，进入代码编辑窗口，编写该按钮的 Click 事件，代码如下：

```
Me.com1.Visible=True
Me.com1.Enabled = True
```

（3）编写 com1 的 Click 事件，代码如下：

```
Me.Title.FontName = "黑体"
Me.Title.FontSize = 18
Me.Title.ForeColor = RGB (255, 0, 0)
Me.Title.BackColor = RGB (0, 0, 255)
```

从代码窗口可知，每一个事件过程名称都带有相应的对象名，如例 7-16 中的 com1_Click()、com2_Click()。

在"属性表"窗格中，属性"名称"都是用中文显示的，但是在编写代码时，要用相应的英文属性标志。中英文属性标志对应的关系见附录 A（字段常用属性）、附录 B（窗体常用属性）。

7.5.2　子过程的定义和调用

通常把一段需要反复执行、具有独立功能的程序称为子过程。子过程可以被其他过程调用，调用子过程的过程称为主过程，主过程与子过程的关系是调用与被调用的关系。将主过程与子过程有机地组织在一起可以增强程序的可读性，使程序结构更加清晰，便于程序修改。过程调用是程序编写中不可缺少的技巧，定义子过程的语句如下：

```
[Public |Private][Static]  Sub 子过程名 ([<形参>])
   [<子过程语句>]
   [Exit Sub]
   [<子过程语句>]
End Sub
```

其中，Public 关键字可以使该子过程通用于所有模块中的其他过程；Private 关键字使子过程只适用于同一模块的其他过程；使用 Static 时，表示只要含有该子过程的模块是打开的，所有该子过程用到的变量其值均被保留。

在主过程中调用子过程的语句如下：

```
[Call] 子过程名 (<实参>)
```

【例 7-17】　利用过程调用，改写例 7-15。

程序清单如下：

```
Public Sub ss (a, t)                '定义一个子过程，名为 ss，带有两个形参
   c = 1
   Do While c <= a                  '该循环的功能是求一个数的阶乘
     t = c * t
     c = c + 1
   Loop
End Sub
Public Sub sx()                     '主过程名为 sx
   n = Val (InputBox ("输入一个自然数"))
   s = 0                            's 用来存放阶乘的累加和
```

```
    For i = 1 To n
      t = 1                      't 用来存放一个数的阶乘
      Call ss (i, t)            '调用 ss 子过程，带有两个实参
      s = s + t
    Next i
    MsgBox (s)
End Sub
```

7.5.3　Function 过程的定义和调用

可以使用 Function 语句定义一个新函数过程，语句格式为：

```
[Public |Private][Static] Function 函数过程名 ([<形参>])[As 数据类型]
   [<函数过程语句>]
   [函数名=<表达式>]
   [Exit Function]
   [<函数过程语句>]
   [函数名=<表达式>]
End Function
```

各关键词的作用与 Sub 语句基本相同，这里不再介绍。调用函数的语句是：［变量=］函数过程名（[<实参>]），函数的返回值可以赋值给一个变量。

【例 7-18】　编写一个求圆面积的函数。

程序清单如下：

```
Public Function area (r As Single) As Single
   If r <= 0 Then
     MsgBox ("半径不能小于 0")
     Exit Function
   End If
   area = 3.14 * r * r              '给函数名赋予一个表达式
End Function
```

定义一个名为 area 的函数，带有一个参数 r，类型为单精度型，函数返回值的类型也为单精度型。下面的过程是调用该函数。

```
Public Sub sx()
Dim r1 As Single
   r1 = Val (InputBox ("输入圆半径"))
   MsgBox (area (r1))
End Sub
```

函数有返回值，而子过程没有返回值。

7.5.4　参数传递

从例 7-17 和例 7-18 可以看出，在调用子过程时，主过程与子过程间有数据的传递，即将主过程的实参（实际参数）传递给子过程的形参（形式参数），完成参数与参数的结合。参数的结合有两种方式：传址（ByRef）与传值（ByVal）。其中，传址方式是默认的，即当

为传值方式时，需在参数前面加关键字 ByVal。

传址是在调用子过程时，将实参的地址传给形参，因此在子过程中对形参的操作变成了对相应实参的操作，实参的值会随着子过程中形参的改变而改变。

传值是在调用子过程时，将实参的值复制给形参，然后实参与形参断开联系。子过程中的操作是在形参自己的存储单元中进行的，当过程调用结束时，形参所占用的存储单元就被释放，因此在子过程中对形参的任何操作不会影响到实参。

在实参与形参的数据传递中，还需了解以下几点：

（1）实参的数目和类型与形参的数目和类型要相匹配。

（2）实参可以是常量、变量或表达式。

（3）如果需要将子过程的结果返回给主过程，这时形参得用传址方式，此时实参须是同类型的变量名，不能是常量或表达式。

【例 7-19】 输入两个数，将这两个数进行交换，用子过程实现。

为了弄清楚传址与传值，编写了两个子过程。程序清单如下：

```
Public Sub s1 (x As Integer, y As Integer)
    Dim t As Integer
    t = x: x = y: y = t                    '实现两个数的交换
End Sub
Public Sub s2 (ByVal x As Integer, ByVal y As Integer)
    Dim t As Integer
    t = x: x = y: y = t
End Sub
Public Sub m()'主过程
    Dim a As Integer, b As Integer
    a = 5
    b = 10
    Call s1 (a, b)
    Debug.Print a, b                       '输出 10, 5, 交换了两个数
    a = 5
    b = 10
    Call s2 (a, b)
    Debug.Print a, b                       '输出 5, 10, 两个数没有交换
End Sub
```

7.6 VBA 编程访问数据库

在前面的章节中，介绍了利用 Access 数据库对象来处理数据的方法和形式。然而，如果要高效地管理好数据，开发出良好的 Access 数据库应用程序，还需了解 VBA 的数据库编程方法。

7.6.1 数据库引擎及其接口

数据库引擎实际上是一组动态链接库，当程序运行时被链接到 VBA 程序而实现对数据

库数据的访问功能。它是应用程序与物理数据之间的桥梁，这样数据与程序相对独立，减少了数据的冗余。

VBA 中主要有三种数据库访问接口：

（1）开放数据库互联（Open Database Connectivity，ODBC），是 Microsoft 引进的一种早期数据库接口技术。随着软件技术的发展，目前在编程中很少直接进行 ODBC 的访问。

（2）数据访问对象（Data Access Objects，DAO），提供一个访问数据库的对象模型，实现对数据库的各种操作。如果数据库是 Access 数据库且是本地使用的话，可以用这种访问方式。

（3）ActiveX 数据对象（ActiveX Data Objects，ADO），是一个用于存取数据源的 COM 组件，允许开发人员编写访问数据的代码而不用关心数据库是如何实现的，而只关心数据库的连接。该接口是在前两种访问方式的基础上发展起来的。

VBA 通过数据库引擎可以访问的数据库有三种：

（1）本地数据库，如 Access 数据库。

（2）外部数据库，即 ISAM 数据库，如 dBase、FoxPro 等，ISAM（Indexed Sequential Access Method，索引顺序访问方法）是一种索引机制，用于高效访问文件中的记录。

（3）ODBC 数据库，即符合开放式数据库连接（ODBC）标准的数据库及其所在的服务器，如 SQL Server、Oracle 等。

7.6.2 数据访问对象

1. 数据访问对象的概念

数据访问对象（DAO）是 VBA 提供的一种数据访问接口，包括数据库创建、表和查询的定义等工具，借助 VBA 代码，可以访问并操作数据库，管理数据库的对象和定义数据库的结构等。

2. DAO 模型结构

DAO 是一种分层结构，其结构如图 7-25 所示。其顶部是 Microsoft Jet 数据库引擎本身，即 DBengine 对象，它是唯一不被其他对象所包含的数据访问对象。它拥有一个 Workspaces（工作区）集合，该集合包含一个或多个 Workspace 对象。每个 Workspace 对象有一个 Databases（数据库）集合，该集合又包含一个或多个 Database 对象。下面对其他几个对象分别进行说明。

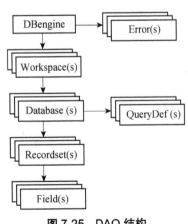

Recordset（s）：数据操作返回的记录集。

Fields（s）：记录集中的字段信息。

QueryDef（s）：数据库查询信息。

Error（s）：可能出现的错误。

集合的成员对象可以用从零开始的编号索引来访问，如 Fields（0）、Fields（1）……

图 7-25　DAO 结构

3. 使用 DAO 访问数据库

要用 DAO 访问数据库，首先需要增加一个对 DAO 库的引用。在 VBE 界面，执行"工具"菜单下的"引用"命令，出现一个"引用"对话框，如图 7-26 所示，在其中选择"Microsoft DAO 3.6 Object Library"，并单击"确定"按钮。

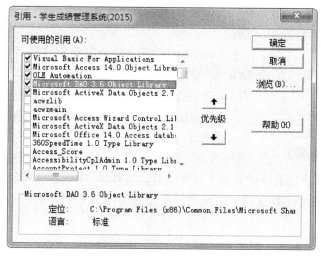

图 7-26　"引用"对话框

接下来需要创建对象变量，然后通过对象的方法和属性来进行操作。

（1）创建对象变量。

格式：Dim 对象名 As DAO 对象名，如：

```
Dim w1 As workspace
Dim d1 As database
Dim r1 As recordset
```

（2）用 Set 语句设置对象变量的值。

格式：Set 对象名=常量或赋值的变量。如：

```
Set w1 = DBEngine.Workspaces(0)
Set d1=w1.OpenDatabase(<数据库文件名>)
```

（3）关闭数据库、记录。

对数据库操作完后需要随时关闭，以免对数据误操作。

格式：对象名.Close。如：

```
w1.Close
```

（4）回收对象变量的内存。

格式：Set 对象名=Nothing。

7.6.3　ActiveX 数据对象

ActiveX 数据对象（ADO）是基于组件的数据库编程接口，它是一个和编程语言无关的 COM 组件系统，可以对来自多种数据提供者的数据进行读取和写入操作。

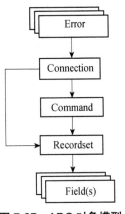

图 7-27　ADO 对象模型

1. ADO 对象模型

ADO 对象模型定义了一个可编程的分层对象集合，其模型如图 7-27 所示。

Connection 对象（连接对象）：建立应用程序与数据源的连接。

Command 对象（命令对象）：主要作用是在 VBA 中通过 SQL 语句访问、查询数据库中的数据，可以实现 Recordset 对象不能完成的操作，如创建表、修改表结构和删除表等。

Recordset 对象（记录集对象）：是在对表进行查询操作时，返回的一组特定记录，Recordset 对象可以对表中的数据进行查询、统计、增加、删除和更新等操作。

Field 对象：表示记录集中的某个字段信息，依赖于 Recordset 对象的使用。

Error 对象：在访问数据时，由数据源所返回的错误信息，依赖于 Connection 对象的使用。

2. 利用 ADO 对象访问数据库

在利用 ADO 对象访问数据库之前，首先要引用 ADO 库。在图 7-28 所示的"引用"对话框中，选择"Microsoft ActiveX Data Objects2.7 Library"项，然后单击"确定"按钮。

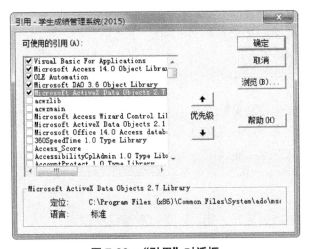

图 7-28　"引用"对话框

ADO 库被引用以后，就可以利用它对数据库进行操作。对数据库的操作通常从连接开始，首先得声明一个连接对象，与数据库建立连接后，才可以利用 Command 对象或 Recordset 对象，通过编程完成对数据的各种操作。

（1）声明 Connection 对象。如：

```
Dim mycn As ADODB.Connection            '对象名为 mycn
```

接下来对对象进行初始化，就是决定 Connection 对象与哪个数据库相连接，如：

```
Set mycn = CurrentProject.Connection      '表示与当前数据库相连接
```

（2）声明与打开 Recordset 对象。声明并初始化 Recordset 对象用下面两条语句：

```
Dim myrs As ADODB.Recordset               '对象名为 myrs
Set myrs = New ADODB.Recordset
```

（3）打开一个 Recordset 对象。使用 Recordset 对象的 Open 方法可以打开表、查询或直接使用 SQL 语句。格式：

```
对象名.Open [Source][, ActiveConnection][, CursorType][, LockType][, Options]
```

其中，Source 表示所打开的记录源，可以是表、查询或 SQL 语句。ActiveConnection 表示 Connection 对象名。CursorType 表示打开记录集对象使用的游标类型。游标类型代表不同的数据获取方法，其取值如表 7-7 所示。

表 7-7　游标类型（CursorType）

常量名	值	说　明
AdOpenForwardOnly	0	默认值，只能向前浏览记录，消耗的资源最少
AdOpenKeyset	1	键值游标，其他用户对记录所做的修改将反映到记录集中，但其他用户增加或删除的记录不会反映到记录集中
AdOpenDynamic	2	动态游标，功能最强，但消耗资源也多，其他用户对记录所做的增加、删除或修改都会反映到记录集中
AdOpenStatic	3	静态游标，只是数据的一个快照，其他用户对记录所做的增加、删除或修改都无法反映到记录集中，可用于查找数据

一旦打开记录集对象，就不能改变它的 CursorType 值，但是关闭记录集对象后可以改变 CursorType 值，然后重新打开记录集对象。游标类型直接影响到记录集对象所有的属性和方法，具体查阅相关资料。

LockType 表示打开记录集对象使用的锁定类型，它决定了记录集是否能更新以及记录集的更新是否能批量进行，其取值与说明如表 7-8 所示。

表 7-8　锁定类型（LockType）取值与说明

常量名	值	说　明
AdLockReadOnly	1	只读记录，不能改变数据，是默认的锁定方法
AdLockPessimistic	2	当编辑时立即锁定记录
AdLockOptimistic	3	仅在调用 Update 方法时锁定记录，而在此之前其他用户仍可对当前记录进行增加、删除或修改等操作
AdLockBatchOptimistic	4	当编辑记录时记录不会被锁定，而增加、删除或修改是在批处理方式下完成的

Options 指提供者计算 Source 参数的方式，其取值如表 7-9 所示。

表 7-9　Options 取值与说明

常量名	值	说　明
AdCmdText	1	SQL 命令类型
AdCmdTable	2	数据表名

常量名	值	说　　明
AdCmdStoreProc	4	查询名或存储过程名
AdCmdUnKnown	8	默认值
AdCmdFile	256	已存在的记录集的文件名
AdCmdTableDirect	512	一个表，查询中返回该表的全部行与列

打开当前数据库的"StudentInfo"表，参数可以省略，但分隔号逗号不能省。如：

```
myrs.Open "StudentInfo", mycn, AdOpenKeyset, AdLockOptimistic, adCmdTable
```

（4）关闭 Recordset 对象和 Connection 对象。利用这两个对象的 Close 方法，再将这两个对象设置为 Nothing，如：

```
Mycn.close
Myrs.close
Set mycn=Nothing
Set myrs=Nothing
```

这些语句不是必需的，应用程序终止运行时，系统会自动关闭并清除这两个对象。

（5）对记录的操作。得到记录集以后，就可以对记录进行操作了，对记录的操作都是从当前记录进行的，打开记录集时默认的当前记录就是第一条记录。

① 引用记录字段，有两种方法。

一是直接在记录集对象中引用字段名，如：xh = myrs!studentxh；二是使用记录集对象的 Fields(n)属性，n 是一个记录中字段从左至右的排序，第一个字段序号为 0，如：xh = myrs.Fields(0)。

【例 7-20】 建立一个模块，编写如下过程，过程运行后在立即窗口中显示"TeacherInfo"表中第一个教师的教师编号和姓名。

过程清单如下：

```
Public Sub aa()
Dim mycn As ADODB.Connection
Dim myrs As ADODB.Recordset
Set mycn = CurrentProject.Connection
Set myrs = New ADODB.Recordset
myrs.Open "TeacherInfo",mycn,,,adCmdTable
Debug.Print myrs!TeacherNo,myrs!TeacherName         '第一种方法引用
'Debug.Print myrs.Fields(0), myrs.Fields(1)         '第二种方法引用
End Sub
```

这两种方法实现的功能是一样的。

② 浏览记录。Recordset 对象提供了以下 4 种方法浏览记录。

● MoveFirst：将记录指针移到第一条记录。

● MoveLast：将记录指针移到最后一条记录。

● MoveNext：将记录指针往后（下）移一条记录。

● MovePrevious：将记录指针往前（上）移一条记录。

【例 7-21】 在例 7-20 的基础上，在立即窗口中显示前 10 位教师的教师编号、教师姓名和薪金。

程序清单如下：

```
Public Sub aa()
Dim mycn As ADODB.Connection
Dim myrs As ADODB.Recordset
Set mycn = CurrentProject.Connection
Set myrs = New ADODB.Recordset
myrs.Open "TeacherInfo",mycn,,,adCmdTable
i = 1
Do While i <= 10
    Debug.Print myrs!TeacherNo,myrs!TeacherName,myrs!salary
    i = i + 1
    myrs.MoveNext
Loop
End Sub
```

以上 4 种浏览记录的方法通常需配合 EOF 和 BOF 属性一起使用。记录集更多的应用是在窗体对象上，如果涉及数据访问的事件过程不止一个，可在代码窗口的通用段定义 Connection 对象和 Recordset 对象，然后在 Form_Load 事件过程中完成数据库连接和数据表的打开。

③ 添加记录。用 AddNew 方法，格式：

```
Recordset 对象名.AddNew [FieldList][,Values]
```

其中，FieldList 为一个字段名或一个字段数组；Values 为 FieldList 所对应的值。

如果没有这两个选项，则增加一条空记录，再对各字段进行修改。执行了 AddNew 方法后，还得用 Update 方法保存新的记录。

④ 更新记录。用 SQL 语句将要修改的记录字段找出来重新赋值，用 Update 方法将更新的记录保存在数据库中。

⑤ 删除记录。用 Delete 方法删除当前记录。

当然，对记录的操作除了用上述记录集的各种方法外，还可以用 SQL 语句实现。

【例 7-22】 建立如图 7-29 所示的教师信息维护窗体，该窗体的功能是对教师的信息进行增、删、改、查等操作。5 个文本框的名称从上到下依次是：txtno、txtxm、txtxb、txtgz、txtdh。6 个命令按钮的名称从上到下依次是：cmdcx、cmdqk、cmdtj、cmdxg、cmdsc、cmdgb。分别编写各按钮的事件代码，使其实现相应的功能。

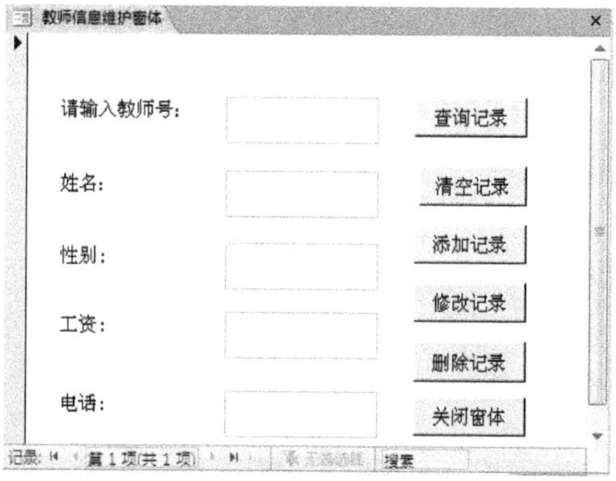

图 7-29　教师信息维护窗体

（1）"查询记录"按钮的功能是：当输入教师号后，单击该按钮则在文本框中显示该教师的姓名、性别、工资和电话。其 Click 事件代码如下：

```
Private Sub cmdcx_Click()
 Dim con As New ADODB.Connection
 Dim rs As New ADODB.Recordset
 Dim sqrstr As String
 Set con = CurrentProject.Connection
 If IsNull (Me.txtno) Then
 MsgBox("请输入教师号!"),vbOKOnly + vbCritical,"提示"
  Me.SetFocus
 Exit Sub
 Else
  sqlstr = "select * FROM TeacherInfo WHERE TeacherNo='" & Me.txtno & "'"
 rs.Open sqlstr,con,adOpenDynamic,adLockBatchOptimistic,adCmdText
  If Not rs.EOF Then
     Me.txtxm = rs.Fields("TeacherName")
     Me.txtxb = rs.Fields("Sex")
     Me.txtgz = rs.Fields("Salary")
     Me.txtdh = rs.Fields("Telephone")
   Else
     MsgBox "该教师不存在，请重新输入",vbOKOnly + vbInformation,"提示"
   Me.txtno = ""
   End If
 End If
 rs.Close
 con.Close
 Set rs = Nothing
 Set con = Nothing
End Sub
```

（2）"清空记录"按钮的功能：单击该按钮，使 5 个文本框的内容全部消失，其 Click 事件代码如下：

```
Private Sub cmdqk_Click()
    txtno = ""
    txtxm = ""
    txtxb = ""
    txtgz = ""
    txtdh = ""
End Sub
```

（3）"添加记录"按钮的功能：将文本框中的内容放到"TeacherInfo"表中，如果输入的教师号在表中已经存在，则提示不能添加。其 Click 事件代码如下：

```
Private Sub cmdtj_Click()
 Dim con As ADODB.Connection
 Dim rs As New ADODB.Recordset
 Dim sql As String
 Set con = CurrentProject.Connection
 Set rs.ActiveConnection = con
 sql = "SELECT TeacherNo FROM TeacherInfo WHERE TeacherNo='" + txtno + "'"
 rs.Open sql,con,adOpenDynamic,adLockOptimistic,adCmdText
  If Not rs.EOF Then
     MsgBox "你输入的教师已经存在，不能新增加！"
     txtno = ""                      '将文本框的内容清空
```

```
        txtxm = ""
        txtxb = ""
        txtgz = ""
        txtdh = ""
        txtno.SetFocus                    '教师号文本框获得焦点
Else
        sql = "INSERT INTO TeacherInfo(TeacherNo,TeacherName,Sex,Salary,Telephone)"
        sql = sql + "Values('" + txtno + "','" + txtxm + "','" + txtxb + "',
        '" + txtgz + "','" + txtdh + "')"
        con.Execute sql
        MsgBox "添加成功，请继续！"
End If
        txtno = ""
        txtxm = ""
        txtxb = ""
        txtgz = ""
        txtdh = ""
        txtno.SetFocus
rs.Close
con.Close
Set rs = Nothing
Set con = Nothing
End Sub
```

（4）"修改记录"按钮的功能：首先对文本框中的信息进行修改，单击该按钮后，使修改后的信息保存到相应的记录中。其 Click 事件代码如下：

```
Private Sub cmdxg_Click()
Dim sql As String
sql = "UPDATE TeacherInfo SET  TeacherName = txtxm,Sex = txtxb,Salary = txtgz,
Telephone = txtdh where TeacherNo = txtno"
DoCmd.RunSQL sql
End Sub
```

在该按钮的 Click 事件代码中用到了 DoCmd 对象的 RunSQL 方法，该方法用来运行 Access 的操作查询，完成对表的记录操作，还可以运行数据定义语句实现表和索引的定义操作。它无须从 DAO 或 ADO 中定义任何对象进行操作，使用方便。调用格式是：DoCmd. RunSQL(sqlstatement[,usetransaction])。其中，sqlstatement 为字符串表达式，表示有效 SQL 语句，可以使用 INSERT INTO、DELETE、SELECT…INTO、UPDATE、CREATE TABLE、ALTER TABLE、DROP TABLE、CREATE INDEX 或 DROP INDEX 等 SQL 语句；usetransaction 为可选项，其值有 True 和 False，使用 True 可以在事务处理中包含该查询，使用 False 则不使用事务处理，默认值为 True。

（5）"删除记录"按钮的功能：当输入教师号后，单击该按钮，下面 4 个文本框中显示该教师的相应信息，同时弹出图 7-30 所示的删除记录提示框，供用户选择是否确定删除，如果在该对话框中单击"是"按钮，则又弹出图 7-31 所示的提示框，表示成功删除记录。

图 7-30　删除记录提示框

图 7-31　删除记录后提示框

其 Click 事件代码如下：

```
Private Sub cmdsc_Click()
 Dim con As ADODB.Connection
 Dim rs As New ADODB.Recordset
 Dim sql As String
 Set con = CurrentProject.Connection
 If IsNull (Me.txtno) Then
     MsgBox "请输入教师编号！",vbOKOnly + vbCritical,"提示"
     Me.txtno.SetFocus
Exit Sub
Else
     sql = "SELECT * FROM TeacherInfo WHERE TeacherNo='" & Me.txtno & "'"
     rs.Open sql,con,adOpenDynamic,adLockOptimistic,adCmdText
     If Not rs.EOF Then
             Me.txtxm=rs("TeacherName")
             Me.txtxb=rs("Sex")
             Me.txtgz=rs("Salary")
             Me.txtdh=rs("Telephone")
     Else
         MsgBox "没有这位教师，请重新输入！",vbOKOnly + vbInformation,"提示"
         Me.txtno = ""
         Me.txtno.SetFocus
         Exit Sub
         End If
End If
flag = MsgBox("确实要删除该记录吗?删除后不能恢复!",vbYesNo,"删除记录提示")
If flag = 6 Then
    rs.Delete
    rs.MoveNext
    MsgBox("删除成功")
    Me.txtno = ""
    Me.txtxm = ""
    Me.txtxb = ""
    Me.txtgz = ""
    Me.txtdh = ""
Else
    MsgBox("不删除")
End If
End Sub
```

（6）"关闭窗体"按钮的 Click 事件代码如下：

```
Private Sub cmdgb_Click()
DoCmd.Close
End Sub
```

至此，对数据库中某个表的增、删、改、查操作基本完成。当然有些操作也可以用第 6 章中介绍的宏来实现，在实际应用中可根据需要来选择实现的方法。

━━━━━━━◇◆◇ **本章小结** ◇◆◇━━━━━

本章的内容相对来说比较复杂，设计程序的思想对于初学者来说有些困难，但是如果要实现一些比较复杂的功能必须得用编程才能完成。所以对于编程人员来说，掌握程序设计的方法是必不可少的。本章主要介绍了以下几个方面的内容：VBA 的数据类型及常用函数；模块与过程的创建方法；程序设计的三种基本结构；如何访问数据库。

◆◇ 知识结构图 ◇◆

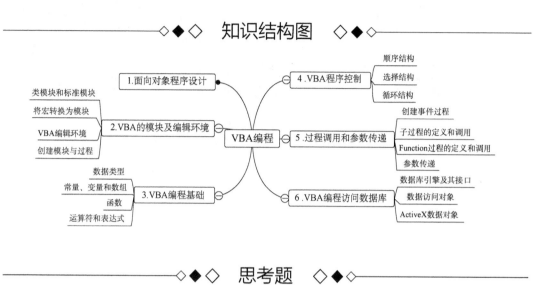

◆◇ 思考题 ◇◆

1. 模块分几类？有何不同？
2. 实现编程的循环语句有几种？循环语句与分支语句有何区别？
3. 过程与模块是什么关系？
4. VBA 支持哪些数据类型？

第 8 章 数据库设计与开发

学习目标

1. 掌握数据库应用系统的开发方法。
2. 掌握数据库设计步骤。

数据库规划与设计是数据库应用系统开发的关键问题与核心技术。本章将以学生成绩管理系统为例介绍数据库设计的步骤及方法。

8.1 应用系统开发概述

数据库应用系统的开发是一个复杂的工程，需要软件开发理论和方法的指导。结构化系统开发方法（Structured System Development Methodology）是目前应用得最普遍的一种开发方法。用结构化系统开发方法开发一个系统，要经过系统分析、系统设计、系统实施和系统维护几个不同的阶段，如图 8-1 所示。

系统分析阶段要求程序设计者通过对将要开发的数据库应用系统的相关信息进行收集，确定该数据库应用系统的总需求目标、开发的总思路及开发所需要的时间。分析业务流程、分析数据与数据流程、分析功能与数据之间的关系，最后提出分析处理方式和系统逻辑方案。即明确目标到底要"做什么"。

系统设计阶段是根据目标系统的逻辑模型确定目标系统的物理模型，即解决目标系统"怎么做"的问题。其主要工作包括总体设计和详细设计。总体设计是首要任务，是对数据库应用系统在全局性把握的基础上进行全面的总体规划，包括体系结构设计、功能模块设计、数据库设计。总体规划任务的具体化，即详细设计。详细设计是对每一个模块的设计，目的是确定模块内部的过程结构，特别是要明确数据的输入、输出的要求等。

系统实施阶段主要任务是按系统功能模块的设计方案，具体实施系统的逐级控制和建

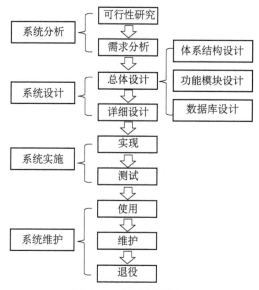

图 8-1 系统开发流程

立独立模块，从而建立一个完整的应用开发系统。按系统论的思想，把数据库应用系统视为一个大的系统，将这个大系统再分为若干相对独立的系统，保证高级控制程序能够控制各个子功能模块功能的实现。

系统维护阶段是整个系统开发生命周期最长的一个阶段，可以是几年甚至十几年。这一阶段主要工作有：系统的日常运行管理、系统评价、系统维护三个方面。在系统维护方面，测试数据库应用系统的性能尤为关键，不仅要通过调用工具检查和调试数据库应用系统，还要通过模拟实际操作或实际验证数据库应用系统，若出现错误或有不适当的地方，要及时加以修正，或增加新的性能。

8.2 数据库设计

数据库是决定数据库应用系统好坏的关键因素之一。如果数据库中的数据量不大，而且数据的逻辑关系比较简单，则数据库的结构设计比较容易，编辑修改也比较方便；相反，如果数据库内容庞杂、关系复杂，编辑修改将很困难。特别是如果在使用中发现问题而不得不回过头修改就有可能丢失数据。

数据库的生命周期有 4 个时期，7 个阶段，如图 8-2 所示。

8.2.1 数据库设计规划

数据库设计规划阶段具体可分成三个步骤：

（1）系统调查。对应用单位做全面的调查。发现其存在的主要问题，并画出组织层次图，以了解企业的组织机构。

（2）可行性分析。从技术、经济、效益、法律等诸方面对建立数据库的可行性进行分

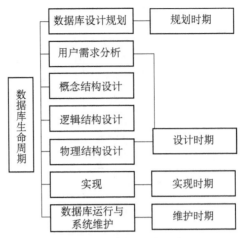

图 8-2　数据库生命周期

析；然后写出可行性分析报告；组织专家讨论其可行性。

（3）确定数据库系统的总目标，并对应用单位的工作流程进行优化和制订项目开发计划。在得到决策部门批准后，就正式进入数据库系统的开发工作。

8.2.2　用户需求分析与概念结构设计

用户需求分析阶段是数据库设计的基础。这个阶段的主要任务是对数据库应用系统所要处理的对象进行全面了解，大量收集支持目标实现的各类基础数据，以及用户对数据库信息的需求、对基础数据进行加工处理的需求、对数据安全性和完整性的要求。在此基础上，分析用户活动，产生业务流程图；确定系统范围，产生系统关联图；分析用户活动涉及的数据，产生数据流图；分析系统数据，产生数据字典。

概念结构设计是整个数据库设计的关键，是对现实世界的第一层面的抽象和模拟，最终设计出描述现实世界且独立于具体 DBMS 的概念模型。设计概念模型常用的方法是 E-R 方法，即建立 E-R（实体-关系）模型。概念设计的主要步骤有三步：进行数据抽象，设计局部概念模型；将局部概念模型综合成全局概念模型；评审。

8.2.3　逻辑结构设计

逻辑结构设计的目的是将概念模型（E-R 模型）转换为与 DBMS 支持的数据模型相符的逻辑结构。对于逻辑设计而言，应首先选择 DBMS，但往往数据库设计人员没有挑选的余地，都是在指定的 DBMS 上进行逻辑结构的设计。

逻辑结构设计的主要步骤有把概念模型转换为逻辑模型；用规范化方法检查逻辑模型；检查业务规则；设计外模式。

1. E-R 模型向关系模型的转换

E-R 模型转换成关系模型，就是将实体型和实体型间的联系转换为关系模式，确定关系模式的属性，转换过程中要做到不违背关系的完整性约束，尽量满足规范化原则。将 E-R 图转换为关系模型的步骤为：

步骤 1（实体类型的转换），将每个实体类型转换成一个关系模式，实体的属性即为关系模式的属性，实体标识符即为关系模式的键。

步骤 2（联系类型的转换），根据不同的情况做不同的处理，可以分为二元联系类型和三元联系类型的转换。

步骤 2.1：二元联系类型转换。

① 若实体间的联系是 $1:1$，可以在两个实体类型转换成的两个关系模式中任意一个关系模式的属性中加入另一个关系模式的键和联系类型的属性。

② 若实体间的联系是 $1:N$，则在 N 端实体类型转换成的关系模式中加入 1 端实体类型的键和联系类型的属性。

③ 若实体间的联系是 $M:N$，则将联系类型也转换成关系模式，其属性为两端实体类型的键加上联系类型的属性，而键为两端实体键的组合。

步骤 2.2：三元联系类型转换。

① 若实体间的联系是 $1:1:1$，可以在转换成的三个关系模式中任意一个关系模式的属性中加入另两个关系模式的键（作为外键）和联系类型的属性。

② 若实体间的联系是 $1:1:N$，则在 N 端实体类型转换成的关系模式中加入两个 1 端实体类型的键（作为外键）和联系类型的属性。

③ 若实体间的联系是 $1:M:N$，则将联系类型也转换成关系模式，其属性为 M 端和 N 端实体类型的键加上联系类型的属性，而键为 M 端和 N 端实体键的组合。

④ 若实体间联系是 $M:N:P$，则将联系类型也转换成关系模式，其属性为三端实体类型的键加上联系类型的属性，而键为三端实体键的组合。

2. 关系规范化

用规范化方法检查逻辑模型，应确保每个 E-R 模型转换的每个关系模式至少是第三范式的（3NF）。如果不是第三范式的，可能 E-R 模型的某部分是错误的，或者由转换过程中产生了错误。如果必要的话，可能需要重新构造概念模型或者逻辑模型。

关系规范化理论认为，关系数据库中的每一个关系都要满足一定的规范。根据满足规范的条件不同，可以划分为 6 个等级五个范式。关系范式的前三个原则如下：

① 第一范式（1NF），NF 是 Normal Form 的缩写。表中都是不可再分的基本字段（1NF）。

例如，假设"学生"表中要存储一个学生的成绩，可设置"分数"字段。但成绩如果还有考试成绩、平时成绩等时，而且成绩一般与课程是相关的，就要分别设置相应的字段。这样就会造成数据冗余，就可考虑再创建一个新表，专门存放成绩相关数据。

② 表中所有字段都必须依赖于主键（2NF）。一个表只存储一种实体对象。

例如，在建立"学生"表时，不能把"教师"和"课程"的数据放在同一个表中。

③ 表中每个记录的所有字段都是唯一的且不互相依赖（3NF）。

例如，"学生"表中已有"出生年月"字段，就可以不要"年龄"字段。

高度规范化的数据库固然有结构清晰、操作不易出错等各种优点，但相关表之间大量的连接在执行查询等操作时都需要耗费大量资源，所以，并非规范化程度越高效果就越好。在设计数据库时，需要具体情况具体分析，权衡利弊，再进行决策。

3. 关系模型的完整性约束

检查业务规则主要用于防止数据库不完整、不准确或不一致的约束。这个阶段的任务是确定需要什么样的完整性约束。

关系模型主要包括三种完整性约束：实体完整性、参照完整性、用户自定义完整性。

实体完整性规则是指关系中的主键不能取空值或重复值。空值就是"不知道"或者"不确定"的值。它是对关系中元组的唯一性约束。例如，在"学生"关系中，若"学号"为主键，则设置"学号"属性对应的属性域不能为 Null（空），而且属性值不能重复。

参照完整性规则定义了外键与主键之间的引用规则。若属性（或属性组）F 是基本关系 R 的外码，它与基本关系 S 的主码 Ks 相对应，则对于 R 中每个元组在 F 上的取值必须为：或为空值，或为 S 中的主码值。它是输入、更新或删除记录时，为维持表之间已定义的关系而必须遵循的一个规则。例如，班级编号属性在学生关系中是外码，但在班级关系中是主码，则学生关系中班级编号属性的值只能取空或者取班级关系中班级编号的其中值之一。

实体完整性和参照完整性适合于任意关系数据库。不同的关系数据库系统根据其应用环境的不同，还需要一些特殊的约束条件。

用户自定义完整性规则是根据应用环境，针对某一具体关系数据库制订的约束条件。它反映某一具体应用所涉及的数据必须满足的语义要求，包括删除约束、更新约束、插入约束。例如，成绩关系中成绩属性的取值只能在 0～100 之间。

8.2.4　物理结构设计

对于给定的数据模型选取一个最适合应用环境的物理结构的过程，称为物理结构设计。物理结构设计允许设计者决定如何实现数据库，它必须依赖于具体的 DBMS，它描述了基本表、文件组织方式和用于实现数据有效访问的索引以及任何相关的完整性约束和安全限制。

物理结构设计第一步为目标 DBMS 转换逻辑模型，即将从逻辑数据模型产生的关系模式转换为在目标关系 DBMS 中可以实现的形式。这个阶段要使用逻辑设计阶段收集的信息进行表的设计。

第二步，选择文件组织方式和索引。文件组织方式是指当文件存储在磁盘上时，记录在文件中的排列方式。索引是一种数据结构，它允许 DBMS 在文件中更快定位某些记录，并因此提高对用户查询的响应。

第三步，设计安全性机制。一个数据库代表了重要的信息资源，安全性非常重要。在数据库生命周期的需求分析阶段可能已经记录了安全需求，这个阶段的目的是决定如何实现这些安全性需求。关系 DBMS 通常提供了两种类型的数据库安全：系统安全和数据安全。系统安全包括系统级的数据库访问和使用，例如，用户名和密码；数据安全包括数据库对象的访问和使用（表、查询等）以及用户在这些对象上的可执行操作。

8.2.5　数据库的实现、运行与系统维护

1. 数据库的实现

数据库实现主要包括以下工作：

● 定义数据库结构。确定了数据库的逻辑结构与物理结构后，就可以用所选用的 DBMS 提供的数据定义语言（DDL）来严格描述数据库结构。

● 数据装载。对于数据量不是很大的小型系统，可以用人工方法完成数据的入库。对于大中型系统，由于数据量极大，用人工方式组织数据入库将会耗费大量人力物力，而且很难保证数据的正确性，因此应该设计一个数据输入子系统，由计算机辅助数据的入库工作。

● 编制与调试应用程序。应用程序设计与数据库设计平行进行。

2. 数据库的运行与维护

数据库要先进行试运行。试运行也称为联合调试，主要功能有：功能调试和性能测试。

对数据库经常性的维护工作主要是由 DBA 完成的。它包括：数据库的转储和恢复；数据库安全性、完整性控制；数据库性能的监督、分析和改进；数据库的重组织和重构造。

若应用变化太大，已无法通过重构数据库来满足新的需求，或重构数据库的代价太大，则表明现有数据库应用系统的生命周期已经结束，应该重新设计新的数据库系统，开始新数据库应用系统的生命周期了。

◇◆◇　本章小结　◇◆◇

本章介绍了应用系统开发的过程，详细说明了数据库设计的步骤及方法，并以"学生成绩管理系统"为例，进一步解释了数据库的概念模型、逻辑模型与物理模型设计。

◇◆◇　知识结构图　◇◆◇

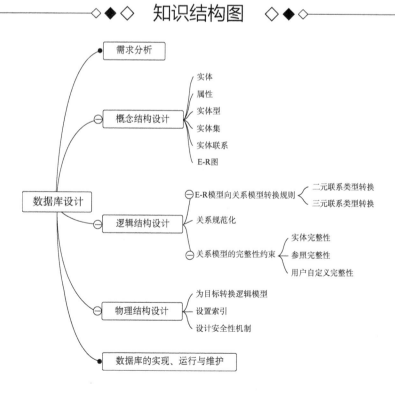

◇◆◇ 思考题 ◇◆◇

1. 数据库应用系统开发的一般过程是什么？
2. 数据库设计的步骤有哪几个阶段？每个阶段的任务是什么？
3. 简述 E-R 模型转换为关系模型的步骤。

附录 A 字段常用属性

属　　性	功　　能
字段大小	设置字段存储数据的最大字节数
格式	自定义字段的显示和打印方式
输入掩码	控制在文本框类型的控件中的输入值
标题	定义视图的列名称，默认值为字段名
默认值	自动填充的字段值
有效性规则	指定对输入记录、字段或控件中的数据限制条件
有效性文本	当违反了有效性规则时所显示的文本信息
必填字段	控制不允许有空字段值
索引	设置索引字段
小数位数	定义字段中的小数位数
新值	定义自动编号字段的值是以递增方式，还是以随机方式产生
显示控件	定义字段以文本框、列表框或组合框方式显示
行来源类型	定义控件数据源的类型
行来源	定义查阅向导字段类型控件的数据源
结合型列	定义设置控件值的列表框或组合框的列
列数	定义要显示的列数目
列标题	定义是否用字段名称、标题或数据的首行作为列标题或图表标签
列宽	定义多列列表框或组合框中的列宽
列表行数	定义在组合框中显示的行的最大数目
列表宽度	定义组合框中下拉列表的宽度
限于列表	定义当首字符与所选择列之一相符时是否接受文本
筛选	定义是否和表或查询一起加载筛选
排序依据	定义是否和表或查询一起加载排序依据
说明	定义表或查询的说明
输出所有字段	定义是否从来源表或查询中输出所有字段
上限值	定义查询所返回的行数或百分比
唯一值	定义查询中是否有重复的字段值
执行权限	定义可执行查询的用户
源数据库	定义输入表或查询的源数据库名称和路径
来源连接字符串	定义连接字符集的源数据库
记录锁定	定义是否及如何锁定基础表或查询中的记录
记录集类型	定义哪些表可以编辑

附录 B 窗体常用属性

类型	属 性	属性标志	功 能
格式属性	标题	Caption	窗体或报表上显示的标题，与窗体本身的内容无关，默认值为窗体或报表的名称
	默认视图	DefaultView	当窗体被打开时所要显示的视图类型
	允许窗体视图	AllowFormView	用户可切换的视图
	允许数据表视图	AllowDatasheetView	
	允许数据透视表视图	AllowPivotTableView	
	允许数据透视图视图	AllowPivotChartView	
	滚动条	ScrollBars	窗体是否显示滚动条和显示什么样的滚动条
	记录选定器	RecordSelectors	窗体是否显示记录选定器
	导航按钮	NavigationButtons	窗体是否显示导航按钮
	分隔线	DividingLines	在窗体的节之间是否显示分隔线
	自动调整	AutoResize	为了能显示一个记录的全部字段，是否可以调整窗体的大小
	自动居中	AutoCenter	窗体是否出现在屏幕的中心
	边框样式	BorderStyle	控件边框样式
	控制框	ControlBox	在窗体的左上角是否显示控制菜单
	最大化最小化按钮	MinMaxButtons	在窗体上是否显示最大化和最小化按钮
	关闭按钮	CloseButton	在窗体上是否显示关闭按钮
	宽度	Width	窗体的宽度
	图片	Picture	窗体背景图片的路径及名称
	图片类型	PictureType	背景图片是链接还是嵌入
	图片缩放模式	PictureSizeMode	指定窗体或报表中的图片调整大小的方式
	图片对齐方式	PictureAlignment	指定背景图片在图像控件、窗体或报表中显示的位置
	图片平铺	PictureTiling	指定背景图片是否在整个图像控件、窗体窗口或报表页面中平铺
	网格线 X 坐标	GridX	网格中每一单位量度的（水平）分隔数
	网格线 Y 坐标	GridY	网格中每一单位量度的（垂直）分隔数
数据属性	记录来源	RecordSource	窗体或报表所基于的表、查询或 SQL 语句
	筛选	Filter	窗体/报表自动加载的筛选
	排序依据	OrderBy	窗体/报表自动加载的排序依据
	允许筛选	AllowFilters	是否允许记录筛选
	允许编辑	AllowEdits	在窗体中能否修改记录
	允许删除	AllowDeletions	在窗体中能否删除记录
	允许添加	AllowAdiitions	在窗体中能否添加记录

（续表）

类型	属性	属性标志	功能
数据属性	数据输入	DataEntry	是否仅允许添加新记录
	记录集类型	RecordsetType	决定哪些表可以编辑
	记录锁定	RecordLocks	是否及如何锁定基础表或查询中的记录
其他属性	弹出方式	PopUp	窗体是否为弹出式窗口，自动出现在其他窗体之前
	模式	Modal	窗体是否保留焦点直到关闭
	循环	Cycle	Tab 键应如何循环
	菜单栏	MenuBar	自定义菜单栏或菜单栏宏的名称
	工具栏	Toolbar	窗体被打开时显示的工具栏
	快捷菜单	ShortcutMenu	允许在浏览模式中使用鼠标右键菜单
	快捷菜单栏	ShortcutMenuBar	自定义快捷菜单和菜单宏的名称

附录 C 控件常用属性

类型	属 性	属性标志	功 能
格式属性	标题	Caption	对不同视图中对象的标题进行设置，为用户提供有用的信息。它是一个最多包含 2048 个字符的字符串表达式。窗体和报表上超过标题栏所能显示数的标题部分将被截掉。可以使用该属性为标签或命令按钮指定访问键。在标题中，将&字符放在要用作访问键的字符前面，则字符将以下画线形式显示。通过按 Alt 和加下画线的字符，即可将焦点移到窗体中该控件上
	小数位数	DecimalPlaces	指定自定义数字、日期/时间和文本显示数字的小数点位数。属性值有："自动"（默认值）、0～15
	格式	Format	自定义数字、日期、时间和文本的显示方式。可以使用预定义的格式，或者可以使用格式符号创建自定义格式
	可见性	Visible	显示或隐藏窗体、报表、窗体或报表的节、数据访问页或控件。属性值有："是"（默认值）或"否"
	边框样式	BorderStyle	指定控件边框的显示方式。属性值有："透明"（默认值）"实线""虚线""短虚线""点线""稀疏点线""点画线""点点画线""双实线"
	边框宽度	BorderWidth	指定控件的边框宽度。属性值有："细线"（默认值）、1～6 磅
	左边距	Left	指定对象在窗体或报表中的位置。控件的位置是指从它的左边框到含该控件的节的左边缘的距离，或者它的上边框到包含该控件的节的上边缘的距离
	背景样式	BackStyle	指定控件是否透明。属性值有："常规"（默认值）和"透明"
	特殊效果	SpecialEffect	指定是否将特殊格式应用于控件。属性值有："平面""凸起""凹陷"（默认）"蚀刻""阴影""凿痕"6 种
	字体名称	FontName	是显示文本所用的字体名称。默认值：宋体（与 OS 设定有关）
	字号	FontSize	指定显示文本字体的大小。默认值：9 磅（与 OS 设定有关），属性值范围 1～127
	字体粗细	FontWeight	指定 Windows 在控件中显示以及打印字符所用的线宽（字体的粗细）。属性值有：淡、特细、细、正常（默认值）、中等、半粗、加粗、特粗、浓
	倾斜字体	FontItalic	指定文本是否变为斜体。默认值："是"（默认值）和"否"
	背景色	ForeColor	指定一个控件的文本颜色。属性值是包含一个代表控件中文本颜色的值的数值表达式。默认值：0
	前景色	BackColor	属性值包括数值表达式，该表达式对应于填充控件或节内部的颜色。默认值：1677721550
数据属性	控件来源	ControlSource	可以显示和编辑绑定到表、查询或 SQL 语句中的数据。还可以显示表达式的结果
	输入掩码	InputMask	可以使数据输入更容易，并且可以控制用户可在文本框类型的控件中输入的值。只影响直接在控件或组合框中键入的字符
	默认值	DefaultValue	指定在新建记录时自动输入到控件或字段中的文本或表达式
	有效性规则	ValidationRule	指定对输入到记录、字段或控件中的数据的限制条件
	有效性文本	ValidationText	当输入的数据违反了"有效性规则"的设置时，可以使用该属性指定将显示给用户的消息

（续表）

类型	属 性	属性标志	功 能
数据属性	是否锁定	Locked	指定是否可以在"窗体"视图中编辑控件数据。属性值有："是"和"否"（默认值）
	可用	Enabled	可以设置或返回"条件格式"对象（代表组合框或文本框控件的条件格式）的条件格式状态
其他属性	名称	Name	可以指定或确定用于标识对象名称的字符串表达式。对于未绑定控件，默认名称是控件的类型加上一个唯一的整数。对于绑定控件，默认名称是基础数据源字段的名称。对于控件，名称长度不能超过 255 个字符
	状态栏文字	StatusBarText	指定当选定一个控件时显示在状态栏上的文本。该属性只应用于窗体上的控件，不应用于报表上的控件。所用的字符串表达式长度最多为 255 个字符
	允许自动更正	AllowAutoCorrect	指定是否自动更正文本框或组合框控件中的用户输入内容。属性值有："是"（默认值）和"否"
	自动 Tab 键	AutoTab	指定当输入文本框控件的输入掩码所允许的最后一个字符时，是否发生自动 Tab 键切换。属性值有："是"和"否"（默认值）
	Tab 键索引	TabIndex	指定窗体上的控件在 Tab 键次序中的位置。该属性仅适用于窗体上的控件，不适用于报表上的控件。属性值起始值为 0
	控件提示文本	ControlTipText	指定当鼠标停留在控件上时，显示在 ScreenTip 中的文字。可用最长 255 个字符的字符串表达式
	垂直显示	Vertical	设置垂直显示和编辑的窗体控件，或设置垂直显示和打印的报表控件。属性值有："是"和"否"（默认值）

附录 D　常用事件

分类	事件	名称	属性	发生时间
发生在窗体或控件中的数据被输入、删除或更改时，或当焦点从一条记录移动到另一条记录时	Current	成为当前	OnCurrent（窗体）	当焦点移动到一条记录，使它成为当前记录时，或当重新查询窗体的数据来源时。此事件发生在窗体第一次打开，以及焦点从一条记录移动到另一条记录时，它在重新查询窗体的数据来源时发生
	BeforeInsert	插入前	BeforeInsert（窗体）	在新记录中键入第一个字符但记录未添加到数据库时发生
	AfterInsert	插入后	AfterInsert（窗体）	在新记录中添加到数据库中时发生
	BeforeUpdate	更新前	BeforeUpdate（窗体）	在控件或记录用更改了的数据更新之前。此事件发生在控件或记录失去焦点时，或单击"记录"菜单中的"保存记录"命令时
	AfterUpdate	更新后	AfterUpdate（窗体）	在控件或记录用更改了的数据更新之后。此事件发生在控件或记录失去焦点时，或单击"记录"菜单中的"保存记录"命令时
	Delete	删除	OnDelete（窗体）	当一条记录被删除但未确认和执行删除时发生
	BeforeDelConfirm	确认删除前	BeforeDelConfirm（窗体）	在删除一条或多条记录时，Access 显示一个对话框，提示确认或取消删除之前。此事件在 Delete 时间之后发生
	AfterDelConfirm	确认删除后	AfterDelConfirm（窗体）	发生在确认删除记录，且记录实际上已经删除，或在取消删除之后
	Change	更改	OnChange（控件）	当文本框或组合框文本部分的内容发生更改时，事件发生。在选项卡空间中从某一页移动到另一页时该事件也会发生
处理鼠标操作事件	Click	单击	OnClick（窗体、控件）	对于控件，此事件在单击鼠标左键时发生。对于窗体，在单击记录选择器、节或控件之外的区域时发生
	DblClick	双击	OnDblClick（窗体、控件）	当在控件或它的标签上双击鼠标左键时发生。对于窗体，在双击空白区或窗体上的记录选择器时发生
	MouseUp	鼠标释放	OnMouseUp（窗体、控件）	当鼠标指针位于窗体或控件上时，释放一个按下的鼠标键时发生
	MouseDown	鼠标按下	OnMouseDown（窗体、控件）	当鼠标指针位于窗体或控件上时，单击鼠标键时发生
	MouseMove	鼠标移动	OnMouseMove（窗体、控件）	当鼠标指针在窗体、窗体选择内容或控件上移动时发生
处理键盘输入事件	KeyPress	击键	OnKeyPress（窗体、控件）	当控件或窗体时焦点时，按下并释放一个产生标准 ANSI 字符的键或组合键后发生
	KeyDown	键按下	OnKeyDown（窗体、控件）	当控件或窗体有焦点时，并在键盘上按下任意键时发生
	KeyUp	键释放	OnKeyUp（窗体、控件）	当控件或窗体有焦点时，释放一个按下键时发生

（续表）

分类	事件	名称	属性	发生时间
处理错误	Error	出错	OnError（窗体、报表）	当 Access 产生一个运行时错误，且此时正处在窗体和报表中时发生
处理同步事件	Timer	计时器触发	OnTimer（窗体）	当窗体的 TimerInterval 属性所指定的时间间隔已到时发生，通过在指定的时间间隔重新查询或重新刷新数据保持多用户环境下的数据同步
在窗体上应用或创建一个筛选	ApplyFilter	应用筛选	OnApplyFilter（窗体）	当单击"记录"菜单中的"应用筛选"后，或单击工具栏中的"应用筛选"按钮时发生。在指向"记录"菜单中的"筛选"后，并单击"按选定内容筛选"命令，或单击工具栏上的"按选定内容筛选"按钮时发生。当单击"记录"菜单上的"取消筛选/排序"命令，或单击工具栏上的"取消筛选"按钮时发生
	Filter	筛选	OnFilter（窗体）	指向"记录"菜单中的"筛选"后，单击"按窗体筛选"命令，或单击工具栏中的"按窗体筛选"按钮时发生。指向"记录"菜单中的"筛选"后，并单击"高级筛选/排序"命令时发生
发生在窗体、控件或获得焦点时，或窗体、报表成为激活时或失去激活事件时	Activate	激活	OnActivate（窗体、报表）	当窗体或报表成为激活窗口时发生
	Deactivate	停用	OnDeactivate（窗体、报表）	当不同的但同为一个应用程序的 Access 窗口成为激活窗口时，在此窗口成为激活窗口之前发生
	Enter	进入	OnEnter（控件）	发生在控件实际接收焦点之前。此事件在 GotFocus 事件之前发生
	Exit	退出	OnExit（控件）	正好在焦点从一个控件移动到同一窗体上的另一个控件之前发生。此事件在 LostFocus 事件之前发生
	GotFocus	获得焦点	OnGotFocus（窗体、控件）	当一个控件、一个没有激活的控件或有效控件的窗体接收焦点时发生
	LostFocus	失去焦点	OnLostFocus（窗体、控件）	当窗体或控件失去焦点时发生
打开、调整窗体或报表时	Open	打开	OnOpen	当窗体或报表打开时发生
	Close	关闭	OnClose	当窗体或报表关闭，从屏幕上消失时发生
	Load	加载	OnLoad	当打开窗体，且显示了它的记录时发生。此事件发生在 Current 事件之前，Open 事件之后
	Resize	调整大小	OnResize	当窗体的大小发生变化或窗体第一次显示时发生
	UnLoad	卸载	OnUnLoad	当窗体关闭，且它的记录被卸载，从屏幕上消失之前发生。此事件在 Close 事件之前发生

下面介绍最常见的窗体场景中事件出现的顺序。

1. 打开和关闭窗体

① 打开窗体时："打开"（窗体）→"加载"（窗体）→"调整大小"（窗体）→"激活"（窗体）→"成为当前"（窗体）→"进入"（控件）→"获得焦点"（控件）。

② 关闭窗体时："退出"（控件）→"失去焦点"（控件）→"卸载"（窗体）→"停用"（窗体）→"关闭"（窗体）。

2. 焦点变化时

① 焦点从一个窗体转移到另一窗体时："停用"（窗体 1）→"激活"（窗体 2）。

② 焦点从控件转移到窗体时："进入"→"获得焦点"。

③ 焦点离开窗体上控件时："退出"→"失去焦点"。

④ 焦点从一个控件转移到另一控件时："退出"（控件 1）→"失去焦点"（控件 1）→"进入"（控件 2）→"获得焦点"（控件 2）。

⑤ 当焦点离开修改数据后多的记录时，但在进入下一条记录之前："更新前"（窗体）→"更新后"（窗体）→"退出"（控件）→"失去焦点"（控件）→"成为当前"（窗体）。

⑥ 焦点转移到窗体视图中一条现有记录时："成为当前"（窗体）→"更新前"（窗体）→"更新后"（窗体）→"成为当前"（窗体）。

3. 修改数据

① 当在窗体控件中输入或修改数据，同时焦点转移到另一控件上时："更新前"→"更新后"→"退出"→"失去焦点"。

② 当用户按下然后释放一个键，同时焦点位于窗体控件上时："键按下"→"击键"→"键释放"。

③ 当修改文本框或组合框的文本框部分中的文本时："键按下"→"击键"→"更改"→"键释放"。

④ 当在组合框中输入的值不在组合框列表中，而且用户尝试把焦点转移到另一控件或记录时："键按下"→"击键"→"更改"→"键释放"→"不在列表中"→"出错"。

⑤ 当修改控件中的数据，且用户按下 Tab 键转移到下一控件时。

控件 1："键按下"→"更新前"→"更新后"→"退出"→"失去焦点"。

控件 2："进入"→"获得焦点"→"击键"→"键释放"。

⑥ 当打开窗体，且修改控件中数据时："成为当前"（窗体）→"进入"（控件）→"获得焦点"（控件）→"更新前"（控件）→"更新后"（控件）。

⑦ 删除记录时："删除"→"删除确认前"→"删除确认后"。

当焦点转移到窗体上一条新的空白记录，且当用户在控件中输入内容创建一条新记录时："成为当前"（窗体）→"进入"（控件）→"获得焦点"（控件）→"插入前"（窗体）→"插入后"（窗体）。

4. 鼠标事件

① 当用户按下然后释放鼠标键（单击），同时鼠标指针位于一个窗体控件上时："鼠标按下"→"鼠标释放"→"单击"。

② 当用户通过单击第二个控件把焦点从一个控件转移到另一控件上时。

控件 1："退出"→"失去焦点"。

控件 2："进入"→"获得焦点"→"鼠标按下"→"鼠标释放"→"单击"。

③ 当用户双击除命令按钮之外的控件时："鼠标按下"→"鼠标释放"→"单击"→"双击"→"鼠标释放"。

④ 当用户双击一个命令按钮时："鼠标按下"→"鼠标释放"→"单击"→"鼠标释放"→"单击"。

附录 E　常用的宏命令

命　　令	功　　能
AddMenu	自定义菜单栏可替换窗体或报表的内置菜单栏
Applyfilter	从表中检索浏览记录
Beep	扬声器发出嘟嘟声
CancelEvvnt	停止激活的事件
CloseWindow	关闭一个窗体及其所包含的所有对象，如果没有指定窗体，则关闭当前窗体
CopyObject	把一个数据库中的对象拷贝到另一个数据库中，或快速地创建一个相似的对象
DeleteObject	删除一个特定的数据库对象
DoMenultem	执行一个菜单命令
Echo	决定运行宏时是否更新屏幕，参数设置为 No，宏运行时将不会更新屏幕
FindNext	在 FindRecord 操作之后使用 FindNext，可连续地查找符合相同条件的记录
FindRecord	在表中寻找第一个符合条件的记录
GotoControl	把光标移到指定的表格或报表中的控件位置
GotoPage	把光标移到指定的页面的第一个控件的位置
GoToRecord	确定打开的表、窗体或查询中的当前记录
HourGlass	在鼠标指针处显示沙漏图标
MaximizeWindow	扩大当前窗体以填充 Access 窗体，使用户尽可能多地看到活动窗体中的对象
MinimizeWindow	把当前窗体缩小为图标
MoveSize	移动当前窗体或重新定义当前窗体的大小
MessageBox	打开一个可以显示警告信息或其他信息的消息框
OpenDiagram	打开一个数据库图表
OpenForm	打开一个窗体
OpenModule	打开一个模块
OPenQuery	打开一个查询
OpenReport	打开一个报表
OpenStoredProcedure	打开一个存储过程
OpenTablc	打开一个表
openView	打开一个视图
OutputTo	将特定的 Access 数据库对象中的数据输出到 Excel、文本文件中
Print	打印当前的数据图表、窗体或报表
PrintOut	打印打开数据库中的当前对象
QuitAccess	退出 Access
Rename	给选定的数据库对象重新取名
RepaintObject	刷新一个窗体的内容，如果没有指定数据库对象，则对当前数据库对象进行更新
Requery	从表格中或指定的对象中获得最新的信息

（续表）

命　令	功　能
Restory/Restore	将处于最大化或最小化的窗体恢复为原来的大小
RunApp	在 Access 中运行一个 Windows 或 Ms-DOS 应用程序
RunCode	运行 Visual Basic 函数
RunCommand	运行 Access 的内置命令
RunMacro	调用另一个宏
RunSQL	通过使用相应的 SQL 语句，运行操作查询和数据定义查询
Save	保存一个特定的 Access 对象，或在没有指定的情况下保存当前活动的对象
selectObject	把光标移动到指定的对象上
SendKeys	输入一个击键动作
Sendobject	将指定的 Access 对象包含在电子邮件消息中，以便查看和发送
SetMenuItem	设置活动窗体的自定义菜单栏，或全局菜单栏上的菜单项的状态
SetValue	设置窗体或报表中一个控件特性的值
setWornings	打开或关闭 Access 的系统消息
ShowAllRecord	取消基本表或查询中所有的筛选
ShowToolbar	显示或隐藏内置工具栏或自定义工具栏
StopAllMacro	中断所有运行的宏
StopMacro	中断当前运行的宏
TransferDatabase	其他数据库之间导入与导出数据
TranslerSpreadsheet	与电子表格文件之间导入或导出数据
TransferText	与文本文件之间导入或导出文本

附录 F　常用函数

类型	函数名	函数格式	说　明
算术函数	绝对值	Abs（<数值表达式>）	返回数值表达式值的绝对值
	取整	Int（<数值表达式>）	返回数值表达式值的整数部分值，参数为负值时返回小于等于参数值的第一个负数。
		Fix（<数值表达式>）	返回数值表达式值的整数部分值，参数为负值时返回大于等于参数值的第一个负数。
		Round（<数值表达式>[，表达式>]）	按照指定的小数位数进行四舍五入运算的结果。[<表达式>]是进行四舍五入运算的结果。[<表达式>]是进行四舍五入运算小数点右边应保留的位数
	开平方	Sqr（<数值表达式>）	返回数值表达式值的平方根值
	符号	Sgn（<数值表达式>）	返回数值表达式值的符号值。当数值表达式值大于 0，则返回 1；当数值表达式值等于 0，返回值返回 0；当数值表达式值小于 0，返回值为-1
	随机数	Rnd（<数值表达式>）	产生一个 0 到 1 之间的随机数，为单精度类型。如果表达式值小于 0，每次产生相同的随机数；如果数值表达式大于 0，每次产生新的随机数；如果数值表达式等于 0，产生最近生成的随机数，且生成的随机数序列相同；如果省略数值表达式参数，则默认参数值大于 0
	三角正弦	Sin（<数值表达式>）	返回数值表达式的正弦值
	三角余弦	Cos（<数值表达式>）	返回数值表达式的余弦值
	三角正切	Tan（<数值表达式>）	返回数值表达式的正切值
	自然指数	Exp（<数值表达式>）	计算 e 的 N 次方，返回一个双精度数
	自然对数	Log（<数值表达式>）	计算以 e 为底的数值表达式的值的对数
文本函数	字符重复	String（<数值表达式>，<字符表达式>	返回一个由字符表达式的第 1 个字符重复组成的指定长度为数值表达式值的字符串
	字符串截取	Left（<字符表达式>，<数值表达式>）	返回一个值，该值从字符表达式左侧第 1 个字符开始，截取的若干个字符。其中，字符个数是数值表达式的值。当字符表达式是 NULL 时，返回 NULL 值；当数值表达式值为 0 时，返回一个空串；当数值表达式值等于或大于等于字符表达式的字符个数时，返回字符表达式
		Right（<字符表达式>，<数值表达式>）	返回一个值，该值是从字符表达式右侧第一个字符开始，截取的若干个字符。
		Mid（<字符表达式>），<数值表达式 1>[，<数值表达式 2>]）	返回一个值，该值是从字符表达式最左端某个字开始，截取到某个字符为止的若干个字符。其中，数值表达式 1 的值是开始的字符位置，数值表达式 2 可以省略，若省略了数值表达式 2，则返回的值是：从字符表达式最左端某个字符开始，截取到最后一个字符为止的若干个字符
	字符串表达式	Len（<字符表达式>）	返回字符表达式的字符个数，当字符表达式是 NULL 值时，返回 Null 值
	删除空格	Ltrim（<字符表达式>）	返回字符表达式的字符个数，当字符表达式是 Null 值时，返回 Null 值
		Rtrim（<字符表达式>）	返回去掉字符表达式尾部空格的字符串
		Trim（<字符表达式>）	返回去掉字符表达式尾部空格的字符串

（续表）

类型	函数名	函数格式	说　明
文本函数	字符串检索	Instr（[<数值表达式>]，<字符串>，<子字符串>[，<比较方法>]）	返回一个值，该值是检索子字符串在字符串中最早出现的位置。其中，数值表达式为可选项，是检索的起始位置，若省略，从第一个字符开始检索。比较方法为可选项，制定字符串比较方法。值可以为 1、2 或 0，值为 0（默认）做二进制比较，值为 1 做不区分大小写的文本比较，值为 2 做基于数据库中包含信息的比较。若指定比较方法，则必须指定数据表达式值
	大小写转换	Ucase（<字符表达式>）	将字符表达式中小写字母转换成大写字母
		Lcase（<字符表达式>）	将字符表达式中大写字母转换成小写字母
日期/时间函数	截取日期分量	Day（<日期表达式>）	返回日期表达式日期的整数（1～31）
		Month（<日期表达式>）	返回日期表达式月份的整数（1～12）
		Year（<日期表达式>）	返回日期表达式年份的整数（100～9999）
		Weekday（<日期表达式>）	返回 1～7 的整数据。表示星期几
	截取时间分量	Hour（<时间表达式>）	返回时间表达式的小时数（0～23）
		Minute（<时间表达式>）	返回时间表达式的分钟数（0～59）
		Second（<时间表达式>）	返回时间表达式的表示秒的数（0～59）
	获取系统日期和系统时间	Hour（<时间表达式>）	返回时间表达式的小时数（0～23）
		Minute（<时间表达式>）	返回时间表达式的分钟数（0～59）
		Second（<时间表达式>）	返回时间表达式的数（0～59）
	获取系统日期和系统时间	Date()	返回当前系统日期
		Time()	返回当前系统时间
		Now()	返回当前系统日期和时间
	时间间隔	DateAdd（<间隔类型>，<间隔值>，<表达式>）	对表达式表示的日期按照间隔类型加上或减去指定的时间间隔值
		DateDiff（<间隔类型>，<日期 1>，<日期 2>[，w1][，w2]）	返回日期 1 和日期 2 之间按照间隔类型所指定的时间间隔数目
		DatePart（<间隔类型>，<日期>[；w1][，w2]）	返回日期中按照间隔类型所指定的时间部分值
	返回包含制定年月日的日期	DateSerial（<表达式 1>，<表达式 2>，<表达式 3>）	返回由表达式 1 值为年、表达式 2 值为月、表达式 3 值为日而组成的日期值
	字符串转换日期	DateValue（<字符串表达式>）	返回字符串表达式对应的日期
程序流程函数	开关	Swith（<条件表达式 1>，<表达式 1>[，<表达式 2><表达式 3>…[，<条件表达式 n>，<表达式 n>]]）	计算每个条件表达式，并返回列表中第一个条件表达式为 Ture 时与其关联的表达式的值
消息函数	利用提示框输入	InputBox（提示 [，标题][，默认]）	在对话框中来显示提示信息，等待用户输入正文并按下按钮，并返回文本框中输入的内容（String 型）
	提示框	MsgBox（提示 [，按钮、图标和默认按钮][，标题]）	在或对话框中显示消息，等待用户单击按钮，并返回一个 Integer 型数值，告诉用户单击的是哪一个按钮

（续表）

类型	函数名	函数格式	说　　明
SQL聚合函数	合计	Sum（<字符表达式>）	返回字符表达式中值的总和。字符表达可以是一个字段名，也可以是一个含字段名的表达式，但所含字段应该是数字数据类型的字段
	平均值	Avg（<字符表达式>）	返回字符表达式中值的平均值。字符表达式可以是一个字段名，也可以是一个含字段名的表达式，但所含字段应该是数字数据类型的字段
	计数	Count（<字符表达式>）	返回字符表达式中值的个数，即统计记录个数。字符表达式可以是一个字段名，也可以是一个含字段名的表达式，但所含字段应该是数字数据类型的字段
	最大值	Max（<字符表达式>）	返回字符表达式中值中的最大值。字符表达式可以是一个字段名，也可以是一个含字段名的表达式，但所含字段应该是数字数据类型的字段
	最小值	Min（<字符表达式>）	返回字符表达式中值中的最小值。字符表达式可以是一个字段名，也可以是一个含字段名的表达式，但所含字段应该是数字数据类型的字段
转换函数	字符串转换字符代码	ASC（<字符表达式>）	返回字符表达式首字符的 ASCII 值
	字符代码转换字符	Chr（<字符代码>）	返回与字符代码对应的字符
		Nz（<表达式>［，规定值]）	如果表达式为 NULL，Nz 函数返回 0；对零长度的变量可以自定义一个返回值（规定值）
	数字转换成字符串	Str（<数值表达式>）	将数值表达式转换成字符串
	字符串转换成数字	Val（字符表达式）	将数值字符串转换成数值型数字
程序流程函数	选择	Choose（<索引式>，<表达式 1>［，<表达式 2>…［，<表达式 n>]）	根据索引式的值来返回表达式列表中的某个值，索引式值为 1，返回表达式 1 的值，索引式值为 2，返回表达式 2 的值，以此类推。当索引式值为小于 1 或大于列出的表达式数目时，返回无效值（NULL）
	条件	Iif（条件表达式，表达式 1，表达式 2）	根据条件表达式的值决定函数的返回值，当条件表达式值为真，函数返回值为表达式 1 的值，条件表达式值为假，函数返回值为表达式 2 的值

参考文献

[1] 李雁翎. 数据库技术及应用 [M]. 4 版. 北京：高等教育出版社，2014.

[2] 教育部考试中心. 全国计算机等级考试二级教程——Access 数据库程序设计（2018 年版）[M]. 北京：高等教育出版社，2017.

[3] 朱艳辉，童启. Access 数据库技术及应用 [M]. 杭州：浙江大学出版社，2015.

[4] 刘敏华，古岩. 数据库技术及应用——Access 2010 [M]. 2 版. 北京：高等教育出版社，2014.

[5] 朱烨，张敏辉. 数据库技术——原理与设计 [M]. 北京：高等教育出版社，2017.

[6] 唐好魁. 数据库技术及应用 [M]. 3 版. 北京：电子工业出版社，2015.

[7] 马桂芳. 数据库技术及应用（ACCESS）[M]. 2 版. 北京：人民邮电出版社，2016.

[8] 罗朝晖，李汉才. Access 数据库应用技术（修订版）[M]. 北京：高等教育出版社，2014.

[9] 梁洁. Access 程序设计基础 [M]. 3 版. 北京：高等教育出版社，2015.

[10] 戚晓明. Access 数据库程序设计 [M]. 2 版. 北京：清华大学出版社，2015.

[11] KROENKE D M，AUER D J. 赵艳铎，葛萌萌，译. 数据库原理 [M]. 北京：清华大学出版社，2011.

[12] JENNINGS R. 李光杰等，译. 深入 Access2010 [M]. 北京：中国水利水电出版社，2012.

[13] 李增祥. 数据库技术及应用 [M]. 北京：电子工业出版社，2018.

[14] 王珊. 数据库系统概论 [M]. 5 版. 北京：高等教育出版社，2014.

[15] 鲁小丫，丁莎. 数据库技术及应用（Access 2010）[M]. 北京：高等教育出版社，2015.

[16] 教育部高等学校大学计算机课程教学指导委员会. 大学计算机基础课程基本要求 [M]. 北京：高等教育出版社，2015.